干旱时空演变与灾害风险

尹云鹤 邓浩宇 吴绍洪 等 著

商务印书馆
创于1897
The Commercial Press

图书在版编目（CIP）数据

干旱时空演变与灾害风险/尹云鹤，邓浩宇，吴绍洪等
著. 一北京：商务印书馆，2022
ISBN 978-7-100-21318-9

Ⅰ. ①干… Ⅱ. ①尹… Ⅲ. ①旱灾-灾害防治-研究-
中国 Ⅳ. ①P426.616

中国版本图书馆 CIP 数据核字（2022）第 107571 号

干旱时空演变与灾害风险

尹云鹤　邓浩宇　吴绍洪 等 著

商 务 印 书 馆 出 版
（北京王府井大街 36 号邮政编码 100710）
商 务 印 书 馆 发 行
北 京 中 科 印 刷 有 限 公 司 印 刷
ISBN 978 - 7 - 100 - 21318 - 9
审图号：GS 京（2022）0887 号

2022 年 10 月第 1 版　　　开本 710×1000　1/16
2022 年 10 月北京第 1 次印刷　　印张 16¼

定价：86.00 元

前　言

　　干旱是陆地表层系统水分亏缺的自然现象，是受物理和生物过程影响反馈并具有复杂时空尺度特性的极端事件。干旱灾害是生态系统和人类社会面临的重要自然灾害之一。历史上关于旱灾事件的统计显示，干旱不仅对工农业生产和生态环境造成负面影响，严重时甚至威胁到城乡居民生活用水安全、社会经济稳定和可持续发展，成为现代人类社会最严重的问题之一，受到广泛关注。

　　在全球气候变化、复杂的自然环境与快速发展的社会经济共同影响下，区域极端天气气候事件影响的严重性不断凸显。虽然近几十年各国应对干旱灾害的管理水平和工程措施等在社会经济和科学技术的支持下得到迅速发展，但干旱灾害仍旧造成严重的危害，如澳大利亚东南部、美国西部、亚马孙地区、中国西南地区等。根据联合国防灾减灾署（United Nations Office for Disaster Risk Reduction，UNDRR）与比利时灾害传染病学研究中心（The Centre for Research on Epidemiology of Disasters，CRED）统计，全球干旱灾害在过去 20 年中（2000～2019 年）影响人数高达 14.3 亿人，占自然灾害影响总人数的 35%，仅次于威胁人数最严重的洪涝灾害，造成的经济损失高达 1 280 亿美元。据水利部公布的历年《中国水旱灾害公报》，中国在 2009、2010 和 2013 年干旱灾害损失尤为严重，均造成了 1 200 亿元以上的直接经济损失，超过 160 亿公斤的粮食损失。据应急管理部统计，2019 年全国因干旱需生活救助人口较前五年均值增加 65%。其中西南地区遭遇的冬春连旱致使云南饮水困难，需救助人口最高达 82.4 万人。江淮黄淮等地出现阶段性夏伏旱，旱情严重。

根据第三次气候变化国家评估报告的描述，未来预估中国极端干旱事件将会增加，部分地区的干旱频率与持续时间将显著增加，并且将可能出现区域持续干旱化问题，继而成为制约中国农业发展、威胁生态安全的重要因素之一。干旱灾害风险将成为全球变化下环境、经济和社会面临的一个严峻挑战。干旱风险的产生与自然地理和人文环境关系密切。它们影响了致险因子的危险性和承险体的脆弱性程度，以及灾害地理空间分布特征。干旱风险发生发展机制、地理格局分布及综合风险防范体系建设等，一直是学界关注的关键科学问题和研究的重要内容。

党的十八大以来，习近平总书记多次在不同场合就防灾减灾救灾工作发表重要讲话或作出重要指示。国家防灾减灾救灾强调：坚持以防为主、防抗救相结合；坚持常态减灾和非常态救灾相统一；努力实现从注重灾后救助向注重灾前预防转变；从应对单一灾种向综合减灾转变；从减少灾害损失向减轻灾害风险转变。气候变化背景下，极端气候事件频发，致使部分区域干旱风险不确定性和严重程度加大。提升干旱风险防范能力，是落实防灾减灾"两个坚持"和"三个转变"新方针、建设气候变化适应型城镇的重大举措。"十四五"（2021～2025 年）时期中国将开启全面建设社会主义现代化国家新征程的第一个五年，防范化解重大风险体制机制不断健全、突发公共事件应急能力显著增强、自然灾害防御水平明显提升等社会经济发展战略目标，对全球气候变化背景下的干旱风险管理提出了更高的要求。揭示干旱演变特征及其驱动机制、开展区域综合风险评估、提出科学防范对策、对区域干旱风险进行调控、规避和转移，是推动实现国民经济和社会可持续发展目标的重要保障，是实现人与自然的和谐共赢和绿色发展、建设美丽中国、落实联合国 2030 年可持续发展目标的有效途径。

本书作者团队长期开展气候变化影响与适应、气候变化风险评估、区域干湿状况演变、干旱事件变化特征等方面的研究。近年来正在开展区域社会和生态系统响应干旱脆弱性、干旱风险评估及防范应对等研究。基于上述科研工作成果，完成本专著，其目的是为国内从事相关领域研究的科研人员或从事防旱抗旱工作的单位及人员提供关于干湿气候、干旱事件、干旱风险及防范措施方面的参考。

本书首先从气候变化下干旱时空演变的角度，综合考虑干旱多模态、多尺度特征，通过耦合关键水分收支要素，较为系统、定量地揭示 20 世纪中叶以来及未来中国陆表干旱化趋势、干湿格局动态与干旱事件演变特征。其次，通过研究黄河流域干旱频次、发生面积、持续时间与强度等特征变化，辨识干旱灾害风险因子致险机理，遴选干旱危险性、区域脆弱性和暴露度表征指标体系，建立区域干旱灾害风险评估模型。最后，在此基础上，辨析区域干旱灾害风险等级，揭示风险时空变化特征，探索区域干旱风险管理与防范应对措施。本书将为进一步提升干旱灾害防御水平奠定坚实的理论基础，可为国家和区域应对干旱政策制定、水资源优化配置、农业生产管理，以及防旱抗旱基础设施体系建设提供参考。

本书的撰写人员包括尹云鹤、邓浩宇、吴绍洪、张雪艳、马丹阳、韩项等，值本书出版发行之际，谨在此向各位同事和朋友致以诚挚谢意。同时本书的出版得到了国家重点研发计划课题（2018YFC1508805）、国家自然科学基金重点项目（41831174）和中国科学院战略性先导科技专项资助（XDA19040304）的支持。在此，向对本书出版给予支持的项目、单位及部门一并表示衷心感谢！

限于作者水平有限，难免有疏漏和不足之处，敬请各位同仁和读者批评指正。

尹云鹤

2022 年 5 月

目　　录

第一章　绪论

干旱是因水分收支平衡偏移而产生的水资源短缺现象。干旱研究是适应气候变化的重要基础之一。探讨干旱事件的内涵，认识干旱的时空分布、强度和持续时间等特征，探索干旱的发生原因和发展过程，对于人类自身的生存、发展，与自然环境的长期和谐共存，以及管理和适应气候变化风险等具有科学意义。

第一节　干旱概念与时空特征

一、干旱内涵及其表征指标

（一）干旱特性与表现

干旱是全球主要的自然灾害之一（Wilhite, 2000）。与其他自然灾害（如洪水、台风、地震、海啸）相比，干旱具有明显的独特性。首先，由于干旱是区域水资源状况发生变化的结果，而水可以存储于河道、土壤、植物或地下裂隙等大量载体中，也可通过水分输送在区域之间转移，因此水的减少及其影响往往在相当长的一段时间内缓慢累积，是一种较为渐进的灾害。其事件本身可能持续数月甚至数年，并可能在事件结束后持续产生很长一段时间的影响，因此很难确定干旱的发生和结束。第二，由于干旱的发生、表现和影响复杂而多样，因此对干旱的理解也难以形成一个精确和普遍接受的定义，使人们对干旱事件的判断存在分歧，对干旱的严重程度等特征的表达也存在争议。干旱的定义应着眼于对特定区域的含义或影响。第三，与其他自然灾害造成的损害相比，干旱的影响是难以被完全观察和评估的，并且在更大的地理区域内蔓延。

干旱事件的影响广泛而深刻，威胁人类社会的生存与发展，所以人们一直以来都对干旱保持高度关注的态度。干旱影响主要是非结构性的，在大面积上广泛存在，而且往往与干旱事件的开始有关而延迟发生，因此，正确定义、量化和管理干旱是一项挑战（Mishra and Singh, 2010）。其中，干旱定义的标准化和干旱强度的测量规范化是首要挑战（Jordi *et al.*, 2012）。在气象观测、卫星遥感等现代观测手段发展之前，人们对干旱的认识主要来自于对林草、作物、土壤、水体和气候环境等发生水分短缺现象的观测记录和推理总结，多把干旱理解为是在季节或更长的一段时期内，降水量自然减少的结果，所以多用降水的负距平来指示和表达干旱事件。但是这种理解不能解释为什么同样的降水不足在不同区域产生的干旱程度却存在差异，并发现这些区域之间的植被、土壤、水资源等环境有所差别。随着科学研究的深入和观测手段的发展，人们发现高温、大风、低相对湿度等其他气候因素也可通过影响蒸散环节与干旱产生关联，可显著加重干旱事件的严重性。此外，干旱也与降雨发生的主要季节、雨季开始的延迟等时间以及降雨强度与次数等有效性有关（Wilhite, 2000）。因此通常来讲，降水和蒸散是决定干旱的重要因子。干旱问题就归结为研究降水和蒸发收支大小的问题。所以，认识干旱事件的本质、研究干旱的特征虽然具体来说是一个复杂的问题，但若抓住降水（入）和蒸发（出）两个方面进行综合考虑则问题会明确很多（马柱国等，2003）。综合目前较为普遍接受的观点，干旱是一种在某时段内的区域暂时性缺水现象，是受多种物理和生物过程影响反馈、具有多时空尺度特征的极端事件（AghaKouchak *et al.*, 2014; Cook *et al.*, 2018）。与用干湿数值指示的干旱气候区的长期气候干燥状态不同，干旱特指与平常的水分状况相比，较为干旱的暂时性状态，尽管这个状态的持续时间可能以天或以月计。因此，干旱的发生不局限于某些干湿气候区（张强等，2014）。此外，干旱的影响不是线性的，例如影响植被和地表通量的离散土壤湿度阈值（Koster *et al.*, 2004; Seneviratne *et al.*, 2010）。这意味着相同的降水短缺对不同地区的影响并不一致。例如，由于土壤水分供应充足，在极湿润地区的短期降水缺乏可能并不会对农业产生负面影响。

由于干旱的表现复杂，且影响到许多经济和社会部门，在多种学科发展起来许多定义。干旱按类型可总结为气象干旱、水文干旱、农业干旱和社会经济干旱（Wilhite and Glantz, 1985），而更具体地还包括类似于农业干旱的生态干旱（袁文平和周广胜，2004）。图 1-1 解释了这些不同类型的干旱与干旱持续时间之间的关系。各类干旱之间是链状传递的，气象干旱的发展可引发农业干旱、生态干旱与水文干旱，同时后三者间也存在明显的传递现象，发展到一定程度会引发社会经济干旱（张强等，2014）。这些干旱类型可以理解为干旱事件在发展过程中先后在不同领域出现了相关表现。其中，气象干旱是因气候周期性变化或异常变化等导致降水和蒸散发不平衡，进而引发区域水分短缺；农业干旱时期土壤含水量不足，无法满足

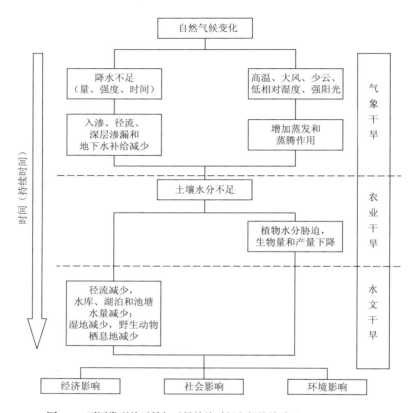

图 1-1 不同类型的干旱与干旱持续时间之间的关系（Wilhite, 2000）

植物需水量，导致植物生物量和产量下降；水文干旱时期河川、湖泊、池塘和水库等水体的水位低于正常时期，地下水位下降；社会经济干旱时期生产、经营、消费、管理等社会经济活动因水分短缺受到影响。根据各类型干旱间的传递关系，对于气象干旱的研究和监测是监测和评估其他类型干旱的前提与基础，因此显得尤其重要。当然，如果气象干旱强度较低或时间较短，则后续可能有充足的水资源补充以填补气象干旱造成的水资源亏缺，干旱可能就不会往下传递。其他干旱之间的传递也是同样的道理。干旱通常需要三个月或更长的时间才能发展，但这一时间段可能有很大的不同，这取决于水分不足开始的时间。例如，在冬季的一个明显的干旱期对许多地区可能没有什么影响。但是，如果这种不足持续到生长季节，影响可能会迅速扩大，因为秋冬季节降水量少导致土壤水分补给率低，导致春季种植时土壤水分不足。事实上，异常干旱对生态系统和社会的影响并不一定立即停止。随着干旱的结束，环境要从异常干旱的影响中恢复需要时间（Heim and Richard, 2002）。而且有时异常干旱的影响是不可逆转的。

（二）干旱产生的原因

认识干旱现象不仅要从区域和静态的角度出发，也要从全球的系统性动态出发。由于受太阳辐射蒸发、地球重力、大气环流等驱动，水以固、液、气等形式循环于海洋与陆地之间、海洋内部、陆地内部，分别称为海陆间循环、海上内循环、陆上内循环（图1–2）。水循环过程所包含的主要环节有蒸散、降水、径流、大气水汽输送等。因此，水分从海洋或陆地因蒸散上升至大气，或在当地以降水的形式回落，或经大气水汽输送在其他地区形成降水。若由海洋蒸散的水又落于海洋，则循环往复蒸散、降水过程而形成海上内循环。同理有陆上内循环。与海洋上的降水去向不同的是，陆地上的降水除蒸散外，还可通过下渗、径流等过程补给土壤水、地下水与江河湖海。陆地水分状况与人类社会的生存与发展息息相关。然而，在全球水循环过程中，由于行星风带、海陆距离等影响，水分的空间分布存在明显差异，使陆地出现干湿区域分异。此外，陆气间水分收支关系可能在气候或人类活动的影响下在某段时间内脱离平衡状态，产生暂时性的偏移，导致旱涝事件。

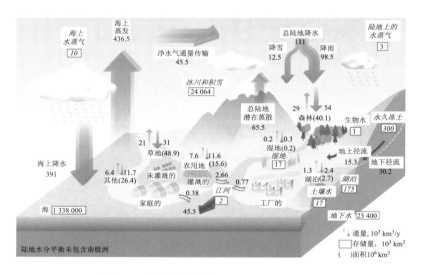

图 1-2 水循环示意图（Oki and Kanae, 2006）

自然因素和人为因素均可能导致干旱事件。在自然因素方面，水分指标的动态是太阳辐射、地形、风速、土地覆被和海洋表面温度等多要素综合作用的结果（Allen *et al.*, 1998; Houze, 2012; Khan *et al.*, 2017; Perugini *et al.*, 2017）。这些作用的驱动力主要来源于全球气候变化和大气环流异常。其中前者是全球整体的气候系统大趋势变化，使其与水分相关联的自然因子（如降水、温度、辐射、风速）发生变化，全球的水分时空分布因而受到影响。从近百年气候变化的主要表现来看，则是以增暖为背景的全球变化使得全球水循环过程的速率加快，降水的空间分配不均一性增加，水循环系统的稳定性降低，导致陆地生态系统遭受的干旱和洪水等极值天气过程频繁发生（IPCC, 2013）。例如，伴随着 20 世纪下半叶全球气候变化带来的温度升高和降水格局变化，以温带为主的许多地区趋于干旱化（马柱国和符淙斌，2007），同时干旱事件的频率、持续时间和强度增加（Dai, 2013; Dai and Zhao, 2017）。从热力学理论推演和全球气候模式的海洋数据表现来看，20 世纪中叶以来，全球表面气温每升温 1 摄氏度，全球水循环将加速 8%±5%（Durack *et al*., 2012）。由此，一个关于气候变化对干旱影响的观点是，随着气候变暖，干旱的地方变得越干旱，湿润的地方变得越湿润。然而自 20 世纪中叶以来，陆地干旱指标的变化却少有出现上述规律，仅有约 10.8%的地区表现出偏干旱区域干旱化、偏湿润地区湿润化的趋势，且有 9.5%的地区表现出偏干旱区域湿润化、偏湿润区域干旱化的趋势（Greve *et al*., 2014）。因此，气候变化对干旱的影响具有不确定性，且大尺度的趋势分析容易掩盖短时间内的气候驱动变化对局部区域水分状况的显著影响。大气环流异常是另一个导致干旱事件产生的重要自然因素，主要是指对某些区域的降水变化中起重要作用的大尺度气候振荡。相关驱动事件有厄尔尼诺—南方涛动（El Niño-Southern Oscillation, ENSO）（Curtis, 2010; Meque and Abiodun, 2015）、太平洋年代际涛动（Pacific Decadal Oscillation, PDO）（Qian and Zhou, 2014; Dong and Dai, 2015）、北大西洋涛动（North Atlantic Oscillation, NAO）（Hurrell and Loon, 1997; Welker *et al*., 2010），等等。

从人为因素的角度看，人类对水资源和土地资源的不合理利用是可能引发干旱的行为。人类耗水可能会大幅减少地表水或地下水，若未经控制而过度用水，则会对区域水分状况产生重要影响，促使干旱发生或加剧干旱（Wada *et al*., 2013）。水资源污染问题也进一步加剧了区域水资源短缺。此外，随着人口增长和社会发展，地表历经着人类活动的快速改造进程，随之产生的土地退化和荒漠化等也会导致干旱的发生，或使其严重化（Cook *et al.*, 2009; Nicholson *et al.*, 2010）。然而，气候变化和人类活动分别对干旱产生的影响是很难完全区分开来的。而且若想全面地认识干旱事件的形成和发展过程，需对其中复杂的能量、物质流动机制进行探索和验证，不仅过程数据难以测算和模拟，相关原理涉及的学科知识也较广、较深，要求具备与之有关的物理、化学和生物等多学科领域知识，并可能需要多学科团队的共同协作。所以干旱形成与发展过程研究一直以来在国际国内均是难以攻克的领域，还有很多待解决的难题（张强等，2015）。

（三）干旱的表征

干旱问题的研究困难在于，它不仅是大环境背景和区域环境状况综合作用的产物，还受到人类活动等难以评估但不可忽视的干扰，因而要求有多学科知识的交叉和综合多系统的充足数据。虽然相关的知识、资料与技术随着学科的发展得到了长久的累积与进步，但还存在一些关于干旱事件认知上的不确定或不统一，其中干旱的表征就是相关研究首先要解决的难题之一。干旱指数对于描述干旱危害的性质和严重程度至关重要，目前科学家们在寻求最适合干旱监测和风险评估的干旱指数方面做出了广泛努力，但很难说明哪一个指数（或多个指数）最能代表干旱对各部门的影响。研究干旱的发生原理和影响，可以给在干旱监测活动中使用什么样的指标提供重要的基本真实信息。

明确表征干旱的指标是什么，是科学监测干旱事件的必要前提。干旱监测从兴起至今已有上百年历程，监测的基本原理是某个指标的状态是否达到了形成干旱事件的阈值。从一开始仅考虑降水的简单方法，到后来利用多源数据的多要素综合方法，发展出了上百个用于监测干旱的指标（Zargar et al., 2011），目前已经有一些研究对它们进行了比较。这些干旱指标可按观测手段分为站点观测、遥感监测和综合气象与遥感的监测三大类，往下还可依据具体方法或技术层层细分（刘宪锋等，2015）。在这些干旱指标中，有的是对水分条件一般异常的描述，有的是根据能反映干旱影响的相关要素状态的描述，还有的是根据观测到的干旱影响数据制定的综合指标。不同指标监测出来的干旱，可被用于彼此间的对比检验。指标的丰富有助于更全面地理解干旱的发生过程和机理特征，各使用者可以根据自己的研究需要进行选用。其中，基于站点观测的多为气象干旱指标，常用的有帕尔默干旱强度指数（Palmer Drought Severity Index, PDSI）、标准降水指数（Standard Precipitation Index, SPI）和标准降水蒸散指数（Standard Precipitation Evapotranspiration Index, SPEI）等（Palmer, 1965; Vicente-Serrano et al., 2010; Wang et al., 2018）。SPI是基于降水数据的指标，表征某时段降水量概率，可用于监测多个时间尺度上的干旱事件，但针对潜在蒸散变化对水平衡的影响缺乏考虑；SPEI是在SPI的基础上，为补充水分平衡中的支出项而发展起来的，表征某时段降水量与潜在蒸散量之差出现的概率，同样可监测多个时间尺度的干旱事件；PDSI则是基于土壤水分平衡原理，表征区域实际水分低于适宜水分的亏缺程度，也是对区域水分收入与支出均有考虑的指标，具体涉及要素除降水和蒸散外还有径流和土壤有效储水量等（《中华人民共和国国家标准：气象干旱等级》（GB/T 20481—2017））。PDSI的计算涉及较多的经验参数，导致其在不同区域的表现不一致，所以依据区域观测资料对其中经验参数进行动态校正的自校正PDSI（self-calibrating PDSI, sc-PDSI）会有更好的空间可比性（Wells *et al.*，2004）。观测对比验证表明，sc-PDSI 在中国明显比 PDSI 有更好的适用性；SPI 由于缺乏对气温影响的考虑而只在中国的湿润地区适用；采用桑斯维特（Thornthwaite）方法估算潜在蒸散的 SPEI 会高估气温的影响，所以可能存在和 SPI 相似的适用性问题（杨庆等，2017）。

随着遥感技术的发展，基于下垫面土壤或植被含水量变化等状况的遥感监测指标在表征农业干旱和生态干旱方面取得了广泛应用，比较典型的有归一化差值水分指数（Normalized Difference Water Index，NDWI）、条件植被温度指数（Vegetation-Temperature Condition Index，VTCI）和温度植被干旱指数（Temperature Vegetation Drought Index，TVDI）等（孙灏等，2012; Zhang *et al.*，2013; Park *et al.*，2016）。其中，NDWI 是根据植被水分对不同波长光辐射的吸收差异特征构建的植被水含量测定指标，可通过利用太空遥感的近红外通道反射数据计算（Gao，1996）；VTCI 是在条件植被指数（Vegetation Condition Index，VCI）、条件温度指数（Temperature Condition Index，TCI）和距平植被指数（Anomaly Vegetation Index，AVI）这三个干旱指标的基础上提出的，其监测干旱的基本原理是归一化植被指数（Normalized Difference Vegetation Index，NDVI）对应的土地表面温度相对于相同 NDVI 值下区域土地表面温度极值的差异，是同时考虑区域内 NDVI 变化和 NDVI 相同状况下土地表面温度变化的指标（王鹏新等，2001）；TVDI 则是基于不同干湿状况下地表温度与 NDVI 之间的经验参数关系构建干湿状况边界，以被监测目标地表温度与 NDVI 的关系相对于边界位置的距离来描述土壤水分状况的指数，可以直接通过卫星遥感信息换算（Sandholt *et al.*，2002）。

水文干旱则多基于径流量变化状况进行识别，发展出了帕默尔水文干旱指数（Palmer Hydrologic Drought Index, PHDI）、地表供水指数（Surface Water Supply Index, SWSI）、标准化径流指数（Standardized Runoff Index, SRI）、径流干旱指数（Streamflow Drought Index, SDI）等指标（Richard *et al.*, 2002; Vicente-Serrano *et al.*, 2012b）。其中，PHDI 和 PDSI 一样，都是帕默尔提出的干旱指标，均考虑了水分的供给与需求。二者主要区别在于 PDSI 是用于评估天气相关的气象干旱指标，而 PHDI 则是用于评估区域长期水分供给状况的水文干旱指标（Palmer, 1965）。SWSI 是对 PDSI 的补充，将 PDSI 未考虑到的水库储水、径流和高海拔降水的历史数据与现状集成在一起的指标（Wilhite and Glantz, 1985）。SRI 和 SDI 是参考 SPI 的概念和算法发展出来的指标。通过把 SPI 计算公式中的一定时期内累积降水替换为一定时期内累积径流的思路实现算法构建，可用于监测不同持续时间的水文干旱（Shukla and Wood, 2008; Nalbantis and Tsakiris, 2009），但这两个指标还需通过测验选用最适合的概率密度函数（区别于 SPI 的概率密度函数）来提高准确性（Vicente-Serrano *et al.*, 2012b）。除了采用指标识别水文干旱外，水文模型在径流量模拟方面起到关键作用，可有效监测预警水文干旱，其中具有代表性的有 HEC-HMS（the Hydrologic Engineering Center's-Hydrologic Modeling System）、SWAT（Soil and Water Assessment Tool）、VIC（Variable Infiltration Capacity）等分布式流域水文模型（王中根等，2003; Halwatura and MMM, 2013; Shukla *et al.*, 2014）。此外，基于 GRACE（Gravity Recovery and Climate Experiment）卫星估算的地下水变化数据在水文干旱监测方面也起到重要作用（Houborg *et al.*, 2012）。

干旱的表征中还有一个问题存在争议和不确定性，即对于某干旱指标，其低于或高于哪个特定阈值时被认为发生了干旱事件。在目前已发展的众多干旱指标中，该阈值通常是在经过观测统计与测算检验后得出来的一个估算值，而为了方便计算往往设计为整数或五倍数，含有人为经验判断的成分。干旱的等级划分也存在同样的问题，各级阈值之间常呈等差数列。实际上，阈值的设置需要与影响联系在一起。而当前与干旱事件相关的观测资料有限，通常不超过百年，由此估算的阈值存在统计上的不确定性，为达到期望的精度水平还需在未来继续补充相关的记录数据（Link et al., 2020）。

（四）干旱特征的描述

干旱特征是认识干旱的重要载体，是在监测出干旱事件后用于赋予该事件独特性的各项属性。干旱的特征一般综合三个维度来进行描述：时间、空间、表现。由此产生了许多的表征变量，其中得到较为广泛应用的有干旱的持续时间、空间范围、强度、程度和频率等（Sheffield et al., 2009; Reddy and Ganguli, 2012; Xu et al., 2015）。时间尺度也在一些研究中得以采用。其中，持续时间和时间尺度之间较容易混淆。干旱的持续时间是干旱存在的时间长度，以干旱事件的开始时间和终止时间之间的时间间隔计算。干旱的时间尺度则指该干旱事件是用多长时间的水分状况判断出来的，如用三个月的总水分状况判断的干旱，其时间尺度为三个月。通常在越长的时间尺度上，干旱的频率越低，干旱强度、面积等的时间序列曲线越平滑。不同的时间尺度对于不同受影响系统的干旱状况监测很有帮助（Vicenteserrano et al., 2010）。干旱强度和干旱程度也是容易引起误会的两个变量。前者指的是在一个干旱事件中，某单位时间内的水分状况偏移正常状态的量。后者指的是前者在整个干旱持续时间内的累积。因此，一个干旱事件对应一个干旱程度和一系列的干旱强度。

通过测算干旱事件的这些特征，可对干旱事件进行区分，从而对干旱的研究、管理或应对更有目的性和科学性。也可通过构造不同干旱特征之间的变化曲线，深入研究特征与特征之间的相互规律，如某区域的干旱程度随持续时间的延长而指数级增长（Xu *et al.*, 2015），单位面积上的干旱程度随干旱面积的增加而减少（Sheffield *et al.*, 2009），等等。

二、干旱的时空变化特征

（一）气候干湿状况趋势

全球水循环变得较不稳定已成为不争的事实。全球干旱事件受到的影响表现出明显的区域差异。气候变化影响全球的水分时空分布，而陆地表层气候格局对气候变化的响应是适应气候变化的重要参考，在全球普遍受到关注（Grundstein, 2008; Bailey, 2009; 郑度等，2016）。重建和模拟的降水数据显示，20 世纪初至今，全球陆表降水增加，但变化规律呈现区域差异，其中北半球中纬度地区降水量显著增加（IPCC, 2013; Ren *et al.*, 2013）。20 世纪下半叶，全球陆地表层系统总体呈暖干化趋势，表现出温带气候、大陆性气候和极地气候向高纬度地区的移动趋势（Chan and Wu, 2015）。依据湿润指数（降水与潜在蒸散的比值，P/ET_O）的变化特征，全球的干旱地区有湿润化趋势，湿润地区有干旱化趋势（Zarch *et al.*, 2015）。从区域上看，亚、欧、非、澳和南美主要往干旱化方向发展，尤其是在前三个区域（马柱国和符淙斌，2007; Spinoni *et al.*, 2013; Huang *et al.*, 2016b）。

依据湿润指数划分干湿区则显示，1948 年以来全球大部分地区的干湿区在往更干的类型转变（Huang *et al.*，2016b），其中半干旱区（0.2≤P/ET$_O$<0.5）在美洲和东半球大陆均发生扩张。前者主要来自干旱区（P/ET$_O$<0.2）的湿化转变，后者主要来自半湿润/湿润区（P/ET$_O$≥0.5）的干化转变（Huang *et al.*，2016a）。从 1951～1980 年到 1981～2010 年，除美洲以外全球各地的干旱区面积增加，特别是在欧洲和非洲（Spinoni *et al.*，2015）。北半球大陆的干旱/半干旱区所占面积从 28.3%扩大到 29.6%（Spinoni *et al.*，2013）。

在中国，东部季风区在 20 世纪整体趋干，表现为湿润指数下降（姜姗姗等，2016）。21 世纪初期，全国大部分地区湿润指数下降，以西南地区最为显著（黄亮等，2013）。2011 年后，全国大范围降水增多，湿润程度增加（朱耿睿和李育，2015）。因此在全球地域系统格局变化的同时，中国干湿区发生了区域性较强的变动，在界线整体移动的同时表现出东西、南北相异的波动（杨建平等，2002）。依据干湿指数的分区结果显示，北方的半干旱（1.5<ET$_O$/P≤4.0）—半湿润（1.0<ET$_O$/P≤1.5）分界线呈现整体往东南移动的明显趋势（郑景云等，2013）。依据湿润指数的分区结果也显示出类似规律（马柱国和符淙斌，2005；Dong *et al.*，2013），主要表现为半干旱（0.5≤P/ET$_O$<1.0）—半湿润（1.0≤P/ET$_O$<1.5）分界线在华北南部和陕西南部呈波动式南扩、在东北中部呈波动式东移，以及干旱（P/ET$_O$<0.5）—半干旱分界线在内蒙中部呈明显东扩。气候聚类分区的结果也显示出北方干湿界线的东移规律（Zhang and Yan，2014）。在西北和青藏高原，则发生了干湿区的湿化转变（黄亮等，2013；郑景云等，2013；郑然和李栋梁，2016）。

进入 21 世纪后，随着国际上气候模式研究的深入，地域动态研究开始通过气候模式和排放情景展开，并普遍预估了全球地域系统类型将往暖干化变化的趋势，其中干化趋势的面积比例将可能达到50%（Alessandri *et al.*, 2014; Feng *et al.*, 2014; Sylla *et al.*, 2015; Belda *et al.*, 2016; Huang *et al.*, 2016b）。在耦合模式比较计划第五阶段（Coupled Model Intercomparison Project Phase 5，CMIP5）模拟的典型浓度路径（Representative Concentration Pathways, RCPs）情景中，21 世纪全球及其典型干旱半干旱区的降水，预计将在降水少的地区减少，在降水多的地区增多（赵天保等，2014；胡婷等，2017）。全球陆表及海洋的降水变率增大（Pendergrass *et al.*, 2017）。其中，中国大部分地区的降水量将增多，尤其是在塔里木盆地（Hui *et al.*, 2018）。整体来看，21 世纪的全球陆表区域可能趋于干旱化，以热带、亚热带和中纬度地区为主，表现为因潜在蒸散增加而导致的湿润指数下降（Scheff and Frierson, 2015）。在 RCP8.5 下，2060～2080 年的湿润指数预计比 1985～2005 年低 6.4%±0.8%；在 RCP4.5 下湿润指数变化较为缓和，但降低比也预计达到 3.7%±0.6%（Lin *et al.*, 2018）。

在 RCPs 下，预计 21 世纪中国的潜在蒸散将普遍增加，但对湿润指数的预估存在争议（姜姗姗等，2016；姜江等，2017）。在 RCP4.5 情景下，中国的干湿区可能将发生湿润区和干旱区缩小、半湿润和半干旱区扩大的格局变化（姜江等，2017）。此外，RCP8.5 下的气候变化也给中国的气候类型格局带来冲击。过半陆表区域可能将在 21 世纪末发生气候类型转变。具体表现为热夏干冬温暖型气候和草原气候的大幅扩张、苔原和沙漠气候的缩减（程志刚等，2015），以及青藏高原的高山气候和东北地区的亚极低大陆干冬气候的大幅收缩直至消失（Chan *et al.*, 2016）。

（二）干旱事件变化特征

气候变化在影响全球干湿状况特征发生变化的同时，还使全球的干旱事件的频次、持续时间和强度增加（Dai, 2013; Dai and Zhao, 2017）。21世纪以来，严重程度超过几十年一遇的特大干旱事件常有发生。例如，2003年欧洲夏季高温干旱事件，尽管不是欧洲记录以来最严重的干旱事件，但热浪与干旱的联合作用远超以往干旱灾害单独造成的影响，使欧洲当年的总初级生产力减少约30%（Ciais *et al.*, 2005）。2005年亚马孙森林干旱事件，是过去百年严重的干旱事件之一，由热带北大西洋海面温度上升引起，造成生物量显著减少，导致长期的碳汇发生逆转（Phillips *et al.*, 2009）。2009年冬至2010年春，因绕高原路径的冷空气偏弱等原因（黄荣辉等，2012），中国西南地区发生百年一遇的特大干旱事件，造成中国西南五省直接经济损失982.01亿元，粮食减产43.62亿公斤，尤其是在云南省（国家防汛抗旱总指挥部，2011）。受印度洋正偶极子（positive Indian Ocean Dipole, pIOP）和中太平洋厄尔尼诺（Central Pacifc El Niño, CP-El Niño）的影响，澳大利亚在2019年经历了100多年来最炎热干旱的一年，其中年降雨量低至277毫米，创1900年来的最低值，引发持续数月的灾难性森林大火（Wang and Cai, 2020）。基于气候情景模式预估等数据，预计干旱事件的发生范围和严重程度可能在未来全球的许多区域进一步增加，干旱影响可能更加严重（Touma *et al.*, 2015; 丁一汇和王会军，2016; Ahmadalipour *et al.*, 2017; Sharma and Mujumdar, 2017; Ahmadalipour *et al.*, 2019），而修复干旱损伤所拥有的时间将被进一步压缩（Schwalm *et al.*, 2017）。

中国是近百年来气候发生显著变化的国家之一（《第三次气候变

化国家评估报告》编写委员会，2015）。气候变化对中国干旱的发生频次和严重程度等特征产生了显著影响（Ayantobo *et al.*, 2017），且表现出明显的空间异质性。基于 1 月尺度的标准化降水蒸散指数（SPEI1）监测的干旱事件表明，自 20 世纪中叶以来，中国大部分地区存在干旱化的趋势，全国干旱频次增加，尤其是在北方地区（李伟光等，2012）。北方大部分地区的干旱化后果主要表现为轻度干旱和中度干旱的频次增加，二者的频次在 1981 年以来发生显著增加的区域分别高达 78%和 81%（史尚渝等，2019）。从 12 月尺度（SPEI12）的干旱特征来看，西北地区的干旱严重程度最高、持续时间最长、发生频次最高；东北地区的干旱特征不亚于西北地区；东南地区的干旱则均是最低值；华北地区的这三个干旱特征则介于西北地区和东南地区之间（Zhang *et al.*, 2015）。综上，西北地区可能受到了最为严重的干旱化问题，受干旱灾害的制约在不断加重，尤其是在西北的东部地区，需在监测干旱发生、评估干旱影响和应对旱灾措施上给予高度关注和大力发展（张强等，2015）。

　　在除西北干旱区外的其他地区，3 月尺度的标准化降水指数（SPI3）、侦察干旱指数（RDI3）和 SPEI3 均显示，华北平原西部、黄土高原、四川盆地和云贵高原由于降水的显著减少，都表现出显著变干趋势。大规模的干旱事件往往集中发生在从华北平原延伸到长江中下游的区域（Xu *et al.*, 2015）。1988 年左右是一个气候干旱序列的分界点，在一条从西南向东北西部的延伸带上，极端干旱事件的发生频率在 1988 年之后明显较 1987 年之前增多，且极端干旱事件的增加多发生于春季，冬季次之（Zhang and Shen, 2019）。总之，除高度重视西北地区突出的干旱事件表现外，也需顾全干旱事件连片增加的重点区域，因地制宜地采取防旱抗旱救旱措施。

第二节　干旱影响及其脆弱性

一、干旱对自然和人类社会的影响

干旱通过改变区域环境的水文过程、地球化学过程、生理生态过程及生物关系等，对区域社会和生态系统产生了深远影响，危及人类健康与生存、社会经济发展、生态系统稳定，及自然资源存储等。近几十年，在全球气候变化的大背景下，全球降水的不均一性增加，陆地生态系统遭受干旱事件的风险上升。同时由于人类社会的快速发展，社会水资源需求也发生增加，导致区域水资源问题及部门间水资源竞争问题恶化。干旱灾害成为了对区域社会和生态系统的严重威胁，逐渐引发全球各界的关注。联合国环境规划署的危机预防与恢复局（United Nations Development Programme/Burean of Crisis Prevention & Recovery, UNEP/BCPR）意识到全球许多地区尤其是非洲深受干旱的危害，因此若想实现针对人类发展脆弱性的全球应对策略，则一定不能忽略干旱事件的影响（UNEP/BCPR, 2003）。世界银行（World Bank, WB）关注到气候变化对极端事件产生了明显影响，如近几十年全球的干旱面积可能在逐渐增加，且未来气候变化可能还会增加许多地区的干旱频次和干旱程度，提倡积极主动进行气候变化管理（WB, 2012）。距联合国粮食及农业组织（Food and Agriculture Organization of the United Nations, FAO）统计，干旱对农业部门造成的危害明显高于对其他部门。2006～2016 年间干旱造成的破坏和损失中约有 83%由农业承担，其中作物和牲畜受到的影响最大，且随干旱发生的增加而对发展中国家的粮食安全构成的威胁日益增大（FAO, 2018）。

（一）自然生态系统

干旱事件的增加和加剧，尤其是当发生在生长季期间，不仅可能直接对生态系统过程造成破坏，还可能影响生态系统的结构和功能，对区域生态系统产生长期且多样化的影响，导致的后果包括但不限于生物量减少、碳汇下降、死亡率上升和多样性丧失。这些干旱影响造成的后果往往随干旱事件的频次、持续时间和强度的增加而趋于严重。生态系统的净初级生产力（Net Primary Productivity, NPP）是单位时间内生态系统光合作用吸收的碳减去其呼吸作用所消耗的碳后的富余值，是衡量生态系统结构功能的重要指标，受气候等环境因子变化的制约。在全球变化背景下，气候变暖和大气二氧化碳浓度上升有助于增加全球 NPP。然而在 21 世纪初，南半球大规模的周期性区域干旱事件与总体的干旱化趋势使当地的 NPP 减少。因此虽然南半球 NPP 仅占 41%，但其下降趋势（−18.3 亿吨碳/10 年）抵消掉了北半球的 NPP 增加（12.8 亿吨碳/10 年），使全球 NPP 下降，对全球粮食安全和未来生物燃料生产造成威胁（Zhao and Running, 2010）。位于半干旱地区的草地生态系统尤其容易受到干旱的影响，如中国内蒙古的草地生态系统 NPP 在干旱作用下显著下降，而且草甸草原 NPP 减少得最多，典型草原次之，荒漠草原最少（Lei *et al.*, 2015）。值得注意的是，就算生态系统可以在干旱期间通过减少与生长无关的自养呼吸来使生长优先化，使总 NPP 维持稳定，但碳分配的不均衡化使植物在维护组织和防御组织方面的投入下降，可能转而增加干旱过后的植物死亡率（Doughty *et al.*, 2015）。

生物多样性是生态系统的组成丰富性和过程复杂性的基础，是决定生态系统稳定性的重要特征之一。根据保险假说，生物多样性更高的群落更可能包含某些在环境压力下可存活以维持生态系统功能的物种（Yachi and Loreau, 1999）。因而高生物多样性可有效抑制生态系统受到的环境扰动影响。在干旱影响下，部分地区的生态系统内压力增加，死亡率上升。干旱致死的基本机制主要有两种：一是当干旱发生时，碳储量和光合作用下降，使呼吸作用和成长消耗的碳供应不足，引起碳饥饿；二是干旱发生时，蒸腾拉力超过木质部内部水柱的张力，形成气穴现象，影响水分输送（Mcdowell et al., 2011）。最后植物因碳饥饿或缺水而死亡，且前者多发生在长持续时间的干旱下，后者多发生在高强度的干旱下。但干旱造成的植物死亡有滞后效应，加上植物自我适应和其他气候要素的影响次序等，干旱致死机制难以评估。虽然森林生态系统的庞大根系可以通过吸收地下水和保持充足的水分来减轻生态系统对瞬时干旱的脆弱性（Teuling et al., 2010），使其抗旱能力较草地生态系统高，但在大型干旱事件的压力下，全球范围内发生了许多树木死亡率上升事件（Allen et al., 2010; Jordi et al., 2012），尤其是浅根小树、年龄太大的树林、过于稠密的树林或物种丰富度较低的树林，对干旱响应的表现更为脆弱（Klos et al., 2009; Young et al., 2017）。但是森林的干旱致死率是否普遍发生增加仍存在争议（Steinkamp and Hickler, 2015）。随着影响程度的增加或累积，干旱胁迫的相关后果可以在个体—物种—种群—生态系统等层面逐渐发生，带来森林枯死（Sangüesa-Barreda et al., 2015）、树冠坍塌（Matusick et al., 2013）、草地退化等严重事件（Liu et al., 2017），可能会在全球范围内改变生态系统的结构和分布。同时生态系统的生物多样性将受到威胁，特别是受水分条件制约的物种或生态型（Esquivel‑Muelbert *et al.*, 2017）。而如果生态系统生物多样性下降到一定程度，则其抵抗干旱等灾害的能力也可能下降（Wagg *et al.*, 2017），进而可能形成导致生态功能损失的恶性循环。另一方面，干旱事件对生态系统组成与结构起到洗牌的作用。物种间对干旱事件响应的差异将改变物种竞争的格局。

（二）农业

农业是人类社会产业中受干旱影响最为严重的部门之一。农业干旱影响全球的食物产量和质量，威胁粮食安全。粮食是人类社会生存的重要基础。干旱可能难以直接对人造成伤亡，但可通过粮食不安全间接形成影响。因此对农业干旱的研究、检查和管理也是对人类健康和生命的保障，有助于社会稳定。中国是具有悠久农耕文明历史的农业大国，以世界 7% 的耕地供养世界 20% 的人口，同时也是世界上重要的农产品生产和消费大国。然而，中国气候格局呈现出北方易遭旱灾、南方旱涝并发的特征。大范围的干旱灾害连年频发。干旱灾害正严重威胁着中国粮食和生态安全，已成为制约中国社会经济可持续发展的重要因素之一。中国西北地区位于北半球中纬度地带，地处欧亚大陆腹地。该地区绝大部分面积处在干旱和半干旱气候区，地表干燥。所以，西北地区空中云水资源相对稀缺，水分内外循环均不太活跃，不仅年平均降水少，而且降水的气候波动很大，是中国最容易发生干旱灾害的区域。每年干旱造成的经济损失高达国内生产总值（Gross Domestic Product, GDP）的 4%~6%（张强等，2015）。东北和华北干旱化是当前所面临最严重的环境问题。干旱导致可利用水资源的严重匮乏（马柱国等，2003）。而上述地区多为中国主要农业生产区。因此，中国农业的气象灾害管理尤为重要（王丹丹等，2018）。

干旱灾害对中国农业的粮食作物（水稻、小麦、玉米、薯类、杂粮）和经济作物（棉花、油料作物、糖料作物、经济林果与蔬菜）的产量与品质产生了不同程度的影响，其中对小麦和玉米的影响尤为严重。1978～2016 年，中国农作物的年均旱灾受灾面积达 2 267.56 万公顷，高于水灾、风雹灾和冷冻灾的受灾面积，占农作物总受灾面积的 52%。虽然近几十年旱灾的受灾面积呈减少趋势，但旱灾的成灾面积呈增加趋势。旱灾对农作物带来的巨大消极影响不仅体现在影响面积上，还体现在造成的经济损失量上。1978～2015 年，中国各大粮食区的农作物经济灾损超万亿，其中旱灾损失占比约 51%，高于水灾、风雹灾和冷冻灾造成的经济损失。根据中华人民共和国水利部统计公布的《中国水旱灾害公报（2018）》（http://www.mwr.gov.cn/），2018 年中国共有 25 省（自治区、直辖市）发生干旱灾害，作物受灾面积 7 397.21 千公顷，作物成灾面积 3 667.23 千公顷，因旱粮食损失 156.97 亿公斤，因旱直接经济损失 483.62 亿元。由此可见，干旱灾害对中国农业影响广泛且造成的损失巨大，对农业生产的健康发展形成阻碍。

基于农业干旱受灾面积、成灾面积和粮食损失的数据分析表明，中国农业旱灾的空间分布还表现出地理聚集的局部空间自相关（Wang *et al.*，2019）。北方（内蒙古自治区、吉林省、黑龙江省、辽宁省、山西省、河北省、山东省、陕西省、河南省）是主要的农业旱灾聚集地，尤其是在黄河流域及其以北地区。此外，由于当地农业在过去的发展历程中受限于水资源问题的压力，对水资源的利用可能走过一些弯路。以黄淮海平原为例，当地的农业用水原先主要是粗放灌溉形式，而随着水资源的日益紧张和人口增长带来的粮食压力（农业灌溉用水规模增加），转而发展成地下水开采形式。但这种形式无异于饮鸩止渴。当地的地下水漏斗在遭受长期的地下水开采后严重扩大（Su et al., 2020），使水资源压力进一步增大。而今在宏观规划和科学指导下，当地农业用水发展为节水灌溉的形式，使水资源得以在可持续利用的前提下充分发挥其作用（于静洁和吴凯，2009），同时国家的南水北调东线工程合理地缓解了受水沿线的水资源紧缺状况（赵勇等，2002）。然而，黄淮海地区的农业用水的可持续发展仍不乐观，旱灾仍会带来严重的作物损失（Wang et al., 2019）。

（三）社会经济的其他方面

干旱还影响社会经济的其他方面，其中最直接的影响包括饮用水减少和质量下降。根据中华人民共和国水利部统计公布的《中国水旱灾害公报（2018）》（http://www.mwr.gov.cn/），2018 年中国因旱灾导致的农村饮水困难人口达 306.69 万人，多分布于西南地区、东南地区和内蒙古自治区。除了直接导致饮用水困难之外，干旱灾害还间接通过降低牧场草地和饲料作物的产量对畜牧业和养殖业造成损失。干旱灾害给旅游业方面带来的影响主要有四个方面：一是影响游客旅游的体感舒适度；二是可能改变原本的自然物候规律，使与物候有关的自然文化节日提前、推迟或缺失；三是恶化与自然生态相关的旅游景观，降低景观价值；四是通过改变农产品产量、种类与质量安全等影响饮食文化。此外，干旱还会通过减少径流量影响水上交通运输和水力发电工程，通过影响水和食物来源影响人类的身体和心理健康，造成资源、经济、人力、精神等多方面的损失。

二、干旱脆弱性及其影响因素

区域干旱脆弱性评估对当地水资源管理和抗旱防旱具有重要意义。脆弱性本质上难以定义和衡量，可理解为系统因承受灾害而受到不利影响的倾向或易感性（IPCC, 2012），是对系统无法适应灾害冲击的负面影响程度的反映（Füssel and Klein, 2006; Mohmmed et al., 2018）。干旱脆弱性的差异可能使具有相同危险性特征的干旱事件对于不同的生态系统或群落意味着不同程度的风险（Vicente-Serrano et al., 2012a）。同样地，根据主要经济活动和人口对长期缺水的脆弱性，干旱的影响特点在不同国家甚至在一个国家内部都有明显的不同（Sivakumar et al., 2014）。在涉及干旱脆弱性的相关研究领域，许多研究只关注脆弱性的经济或农业因素，而忽略了健康和社会发展等其他方面。考虑到干旱对发展不均衡区域的破坏性影响，必须尽可能多地考虑各种因素。通过统计方法（如巴克迈尔等（Bachmair et al., 2016））建立的干旱指数与干旱影响之间的关系可用于干旱风险评估和脆弱性评估，但在选择相关因素时需要对研究区域有脆弱性方面的专家知识。由于干旱对不同区域自然和人力资源的影响是不同的，因此不可能确定一种适合所有区域的干旱脆弱性的衡量方法。

对于自然生态系统来说，区域的水资源状况和植被结构类型很大程度上决定着对干旱的脆弱性。若生态系统可获取的地表水和地下水等水资源丰富，则在同样程度的干旱影响下可能比水资源稀缺地区的生态系统有较低的敏感性。生态系统的脆弱性可以通过其在灾害和正常条件下的表现差异来表征（Van Oijen et al., 2013; Van Oijen et al., 2014）。植被生态系统的干旱脆弱性差异具有多样性，生态系统类型、群落、物种、密度、多样性、树龄，以及温度条件和土壤条件等方面的差异均可能导致对干旱胁迫有不同的响应策略或忍耐程度，进而产生不同的干旱脆弱性表现（Choat *et al.*, 2012; Allen *et al.*, 2015; Gremer *et al.*, 2015; Bottero *et al.*, 2017; Yuan *et al.*, 2017）。植被在干旱期间的水资源获取能力和对非干旱期间水资源的存储能力在一定程度上影响着干旱脆弱性表现。例如，森林生态系统可以通过庞大而深的根系吸收地下水并保持充足的水分，因此对短期干旱事件的脆弱性较低（Teuling *et al.*, 2010）。而若是一个浅根系的草原生态系统，则可能对同样的短期干旱事件有较高的脆弱性（Propastin *et al.*, 2008）。此外，同样的承险对象面对不同危险性特征的干旱事件，如不同时间尺度、不同持续时间或不同强度的干旱，可能有不一样的脆弱性（Deng *et al.*, 2020a）。把不同干旱特征下的脆弱性计算出来，则脆弱性随干旱特征的变化曲线即为干旱脆弱性曲线，是进行干旱风险评估与管理等研究或工作的重要内容。

　　经济社会在干旱影响下的脆弱性同样涉及多方面要素，但由于研究领域或目的的差异，学者们对具有影响脆弱性的要素具体有哪些则存在分歧。虽然对脆弱性的具体影响要素可能有很多，但从框架体系上分析则基本是对暴露度、敏感性、应对能力或适应能力等方面的一些度量（Birkmann, 2007; Glick and Stein, 2011）。需要注意区别的是，这里涉及到关于暴露度的度量，是指一些变量的暴露度特征会影响到脆弱性，而不是关于对应变量的暴露度计算，如人口增加不仅增加了暴露度，还可能会增加脆弱性。根据联合国国际减灾战略署（United Nations Office for Disaster Risk Reduction, UNISDR）提出的脆弱性框架，脆弱性的影响因子包含各种物理、社会、经济和环境因素，而且具有个人、社区、资产和基础设施等维度（UNISDR, 2004, 2009）。在类似框架下许多学者开展了干旱脆弱性评估研究，其脆弱性指标的选择反映出对干旱脆弱性影响因子的理解，即影响干旱脆弱性的影响因素可主要归类于经济、社会、水资源管理、基础设施等方面。有些研究还会把社会方面中与健康相关的指标单独归为健康一类，或把基础设施和水资源管理方面的部分指标归类为基础设施与技术发展一类（Nauman *et al.*, 2014; 王莺等，2014; Carrão *et al.*, 2016; Tánago *et al.*, 2016; Jorge *et al.*, 2017; Naumann *et al.*, 2019）。

　　一般来说，经济方面的人均 GDP、人均国民总收入（Gross National Income, GNI）、经济储备、能源使用、保险等用于反映区域的经济能力，社会方面的人类发展指数、行政效率、机构能力、平均寿命、就业率、医疗卫生等反映区域的社会福利或保障等状况；水资源管理方面的单位面积降水、水资源总量、灌溉面积占比、单位面积灌溉用水、灌溉设备配给、机电排灌面积等通常与较低的水资源管理压力或较高的水资源管理效率相关。基础设施与技术发展方面的供水基础设施、水库库容、路网密度、移动手机用户占比、互联网服务器、单位耕地面积化肥消耗、节水灌溉设备、耐旱抗旱作物等反映与应对干旱相关的基础设施状况与技术能力等。这些指标的增加可降低干旱脆弱性。相反地，经济方面的农业 GDP 占比、贫困率等则反映社会经济发展或结构的相对弱点。社会方面的人口、人口密度、农业人口占比、失业率、文盲率、难民人口、孕妇死亡率、婴幼儿死亡率等反映社会压力状况。水资源管理方面的总用水占水资源总量的比例、农业用水占总用水量的比例、耕地面积等通常与较高的水资源管理压力相关。这些指标越高则干旱脆弱性可能越高。当然，这些指标中有部分对干旱脆弱性的影响还存在争议，而且不同区域的干旱脆弱性评估可能有侧重采用的指标组合。以上指标固然较为全面，但由于在开展评估工作时需要考虑指标的可获取性和冗余性，所以用于干旱脆弱性评估工作的指标可能并没有涵盖影响干旱脆弱性的所有因素。

第三节　干旱风险评估研究

在全球气候变化背景下，许多地区的干旱事件增加增强，给当地的自然系统或人类社会造成了深远的消极影响。为了保障区域生态和社会经济的健康与可持续发展，积极规划和准备应对干旱变得十分迫切。干旱风险评估可为此提供必要的旱灾损失预测信息。因此，研究和预估干旱风险有助于科学地制定主动应对方案，在更大的程度上减少旱灾损失。

一、气候变化与干旱风险

气候变化和人为全球气温上升将对自然灾害、极端事件、经济和健康产生重大影响。许多研究发现气候变化对全球不同地区干旱的影响，包括增加发生频次和严重程度等（Dai, 2013; Dai and Zhao, 2017; Zhao and Dai, 2017）。并且根据气候预估的研究结果，若温室气体浓度持续上升，则气候变化可能将加剧世界许多地区的干旱（丁一汇和王会军，2016; Ahmadalipour *et al.*, 2017; Sharma and Mujumdar, 2017; Ahmadalipour *et al.*, 2019），从致险因子角度上意味着未来的干旱风险形势严峻。这在干旱地区（如北非）尤其重要，因为全球变暖会增加对干旱起加剧作用的潜在蒸散量（Zarch *et al.*, 2015; Touma *et al.*, 2015）。随着干旱对社会经济影响的增加，以往的干旱管理尝试通常都是无效的，需要面向新的干旱风险状况去科学地改善干旱管理政策，修建相关基础设施，发展干旱应对技术，提高干旱管理水平（Peck and Peterson, 2013; Sivakumar *et al.*, 2014）。而且过去大部分地区对干旱的响应通常是在其发生之后的被动应对。这类做法在日益严重的干旱影响下是不够充分的，因此还需要在策略层面进行相应调整。随着对干旱风险管理研究和认识的深入，科学共识指出了从被动风险管理策略转向主动风险管理策略的必要性（Birkmann *et al.*, 2013; Rossi and Cancelliere, 2013）。这也是区域社会应对自然灾害的韧弹性保障（Wu *et al.*, 2020）。干旱风险评估是通过对干旱、暴露度和脆弱性等进行综合分析，进而预测潜在的社会、经济和环境干旱风险的方法，因此是上述主动策略的一个基本前提（Wilhite, 2000; Wilhite and Buchanan-Smith, 2005; UNISDR, 2009）。

二、干旱风险研究进展

人们一直以来重视对灾害风险的研究，相关理论与方法已经过长久的发展与实践。联合国大会的"国际减少自然灾害十年"（International Decade for Natural Disaster Reduction, IDNDR）、世界减灾大会的《兵库行动框架》、国际风险防范理事会的"综合风险防范"核心科学计划、国际科联的"灾害风险综合研究"科学计划等国际重大研究或行动计划推动了灾害风险研究的迅速发展（Lechat, 1990; UNISDR, 2005; 史培军等, 2012）。极端气候事件虽属于小概率事件，但往往难以防范且影响范围广，因此其风险研究备受关注（Lehner *et al.*, 2006; 郑景云等, 2014; 秦大河, 2015）。其中，旱灾常年频发造成的大量损失使人们意识到有必要加强对干旱风险的研究，学者们基于各自的研究经验与认识陆续提出了各种干旱风险评估的框架与方法（Hayes *et al.*, 2004；金菊良等，2014；吴绍洪等，2018），使干旱风险评估得以广泛开展（Carrão *et al.*, 2016；Ahmadalipour *et al.*, 2019；Hagenlocher *et al.*, 2019）。

干旱风险评估在农业、生态、水资源等领域越来越受到重视。干旱是全球受灾人口最多的自然灾害之一，已造成过几次严重的世界级饥荒（CRED and UNISDR, 2018；FAO, 2018），因此开展有助于预警和管理农业旱灾损失的农业干旱风险评估对人类生存意义重大。农业气象灾害风险评估近年来研究成果颇多，尤其是干旱风险评估。相关概念、指标、方法与模型的不断创新推动评估往定量化、动态化发展，对减少农业风险、提高农业韧弹性起到了重要作用（王春乙等，2015；Meza *et al.*, 2020）。干旱也是自然生态系统的风险源之一（许学工等，2011）。近几十年生态干旱问题的频发令人们逐渐重视生态领域的干旱风险评估工作，尤其是干旱对碳收支造成的风险（Van Oijen *et al.*, 2014；Aragão *et al.*, 2018）。生态系统响应干旱的机理过程成为研究中的重难点，采用统计、模拟、实验等手段对响应过程进行剖析或利用成为前沿趋势（McDowell *et al.*, 2013；Van Oijen *et al.*, 2014；高江波等，2017）。此外，与其他自然灾害相比，干旱的本质特征使其与水资源有着更密切的联系（Vargas and Paneque, 2019）。为应对干旱给水资源管理带来的严峻挑战，人们还把复杂的干旱现象与水资源系统相结合，开展水资源干旱风险评估研究（王刚等，2014；Sweet *et al.*, 2017）。

尽管人们越来越关注 21 世纪干旱对粮食、能源和水资源的影响，但有人认为，人们应更多地关注研究干旱危害，而不是提供一致的干旱风险评估框架（Kim *et al.*, 2015；Tánago *et al.*, 2016）。以往的干旱风险研究多关注的是干旱的危险性特征。随着对干旱风险认识的深入，人们逐渐意识到干旱风险机制研究在准确评估干旱风险、规划适应方案方面，与干旱事件的驱动因素研究有着同样至关重要的作用（Hagenlocher *et al.*, 2019）。在干旱作为致险因子难以受控的情况下，为减少干旱风险，需利用对风险机制的认识来削弱或打断成险过程。其中，降低生态系统脆弱性、增加生态系统韧弹性与恢复力是关键。对脆弱性、韧弹性与恢复力的量化近年来在生态系统风险研究中日益得到重视（Lindner *et al.*, 2010; Shiferaw *et al.*, 2014; Rey *et al.*, 2017; Jha *et al.*, 2019）。干旱对生态系统造成的风险还存在累积效应与时滞效应，这为基于已发生的干旱事件进行风险管理提供了宝贵的时间差，其相关机制的研究对提高风险评估的准确性有重要的科学意义（Potopová *et al.*, 2015; Li *et al.*, 2019a）。此外，通过对干旱下生态系统响应的观察或实验研究，人们发现当某些关键属性超过阈值时生态系统将发生不可接受的损失，进入更高的风险级别（Scholze *et al.*, 2006; Van Oijen *et al.*, 2013; 石晓丽等，2017），因此对关键属性的监测、预警与管控变得尤其重要。

三、干旱风险评估方法

在国内外开展的大量气候变化风险评估工作中，由于风险的综合性特征及研究的关注点差异，对风险构成存在不同的认识角度（吴绍洪等，2018）。在联合国政府间气候变化专门委员会（Intergovernmental Panel on Climate Change, IPCC）第五次评估报告第二工作组（Working Group II Fifth Assessment Report, WGII AR5）所采用的气候变化风险基本要素与构成形式框架中，认为致险因子的危险性、承险体暴露度和脆弱性共同决定风险的大小（IPCC,

2014）。所以气候变化风险可以理解为包含致险因子和承险体两个维度，由可能性、脆弱性和暴露度三个方面构成（图1-3）。单有致险因子或单有承险体都不产生风险，只有致险因子的可能性与承险体的脆弱性、暴露度相交才可能构成风险。在干旱风险研究中，承险体是干旱事件所危及并承受负面影响的经济、社会、文化、环境和资源等，主要有人口、作物、林果、牧草、牲畜、基础设施、生活性财产、野生动植资源等。干旱风险中的致险因子即为干旱事件，属于气候变化风险源中的极端事件类型，所以干旱风险评估应采用极端事件的评估模型（吴绍洪等，2018），即干旱风险是承险体响应干旱影响的脆弱性、干旱事件可能性以及承险体暴露度三者综合的结果。

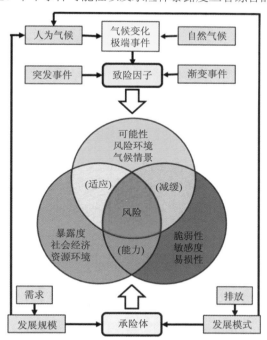

图1-3　气候变化风险的基本要素与构成形式（吴绍洪等，2018）

该风险三要素理论及评估框架在干旱风险评估研究领域中得到了广泛应用（Carrão *et al.*, 2016; Zscheischler *et al.*, 2018; Ahmadalipour *et al.*, 2019; Hagenlocher *et al.*, 2019）。在气候变化风险研究的框架下开展干旱风险评估，主要特点是以干旱作为其中的风险源，有时还共同考虑干旱与温度等其他环境因子产生的作用，且多以区域的自然系统与社会经济状况等为分析对象，如经济、人口、生产力、生物多样性、产水量等（Allen *et al.*, 2015; Diffenbaugh *et al.*, 2015; Clark *et al.*, 2016; 吴绍洪等，2017; Xu *et al.*, 2019）。研究结果随研究区域及对象变化的多样性，促使人们越来越注重承险体类型之间、社区之间、个体之间响应干旱风险的表现差异及机制差异（Gerald *et al.*, 2014; Nauman *et al.*, 2014; Páscoa *et al.*, 2018; Li *et al.*, 2019a; Stovall *et al.*, 2019）。这对干旱风险评估研究提出了在评估方法科学性和评估结果精确性上的要求。

由于对干旱及其风险概念的认识与定义具有多样性，干旱风险评估没有标准化的方法，目前主要运用的有脆弱性曲线法、机理模型和指标体系法等，并仍处于不断发展的阶段。其中，脆弱性曲线法基于历史灾情、暴露度和灾损等数据统计建立脆弱性曲线，再把该曲线用于其他情境下的同类灾害风险评估中（周瑶和王静爱，2012; Su *et al.*, 2018）。但这种方法难以保证脆弱性曲线适用于新的评估对象，且要求一定数量的历史或实验数据。在应用机理模型的风险评估方法中，由于模型多是基于研究对象与环境的关系去模拟干旱下的对象过程，并基于一些指标超过系统承受范围的临界阈值为风险判断依据，对灾害的成险机制有更复杂的考虑，可在模型经过参数率定后输入灾害的危险性进行风险评估（Basso and Ritchie, 2014; Van Oijen *et al.*, 2014; Lobell *et al.*, 2015），但评估结果可信度取决于模型性能。指标体系法则是一种相对简洁但有效的风险评估方法，通过选择与风险各要素相关的指标，构建评估指标体系并对其求解权重，进而进行多指标加权综合实现风险评估（Palchaudhuri and Biswas, 2016; 何斌等，2017）。指标体系法相对于其他风险评估方法的一个优势是对灾害的成险过程有更多维度的考虑，较能反映灾害风险的复杂性和综合性。总之，不论是哪种干旱风险评估方法，干旱风险均是关于干旱的频率、严重程度、空间和时间范围以及生态系统和社会经济活动的脆弱性与暴露程度的函数。由于其复杂性，干旱的影响非常多样，涵盖了社会经济和环境系统的广度，因此目前仍然很难界定、检测和预测。

第二章　中国干湿变化趋势与特征

干湿状况研究是认识自然环境及其变动的基础，也是探索气候变化及其时空分异的重要手段。了解干湿状况的变化规律对于人类生产、生活，利用和保护自然资源，以及适应气候变化等具有指导意义。在气候变化背景下，陆表干湿状况的趋势特征与变化规律成为研究热点，且干湿状况的变化普遍表现出比温度状况更复杂的区域差异，存在更多的不确定性。辐射、温度、风速、土地覆被等要素的变化均可能影响干湿状况特征。

第一节　干湿指标数据的计算及处理

一、用于计算干湿指标的气象数据

本章气候指标计算涉及两套数据。其中一套为气象站观测数据，来自中国气象局国家气象信息中心，选取数据质量较高的 581 个气象站点，时段为 1961 年 1 月至 2015 年 12 月，要素包括平均气温、最高气温、最低气温、相对湿度、日照时数和风速等。研究期内站点位置迁移或者5%以上数据缺失的站点予以删除。对缺测数据在5%以下的站点，采用同一站点其他年份该月的平均值代替。

第二套数据集为跨领域影响模式比较计划（Intersectoral Impact Model Intercomparison Project，ISI-MIP）提供的参与耦合模式比较计划第五阶段试验的多模式数据集（Taylor *et al.*, 2012; Hempel *et al.*, 2013; Warszawski *et al.*, 2014），包含五个大气环流模式，分别为HadGEM2-ES、IPSL-CM5A-LR、GFDL-ESM2M、MIROC-ESMCHEM和NorESM1-M（表2–1）。模式输出结果经过降尺度和偏差校正处理，空间分辨率为 0.5°×0.5°。模式模拟的气候变量包括平均气温、最高气温、最低气温、降水量、短波辐射、风速和相对湿度。利用对数风廓线函数，将 10 米高度的风速数据换算到 2 米高度（Allen *et al.*, 1998）。采用RCP2.6、RCP4.5、RCP6.0 和 RCP8.5 四个典型浓度路径排放情景，分别代表 2100 年辐射强迫水平达到 2.6、4.5、6.0 和 8.5 瓦/平方米。其中 RCP8.5 是在 2100 年辐射强迫达到 8.5 瓦/平方米左右的最高排放情景，大约相当于 1 370 体积分数的大气二氧化碳浓度（Moss *et al.*, 2010）。至 21 世纪末，全球平均地表温度将比工业化前的水平上升 1.5～4.5 摄氏度（Meinshausen *et al.*, 2011）。

表 2–1 研究所用的大气环流模式

模式名称	机构	原始分辨率	参考文献
GFDL-ESM2M	美国国家海洋和大气管理局的地球物理流体动力学实验室	2.0°×2.5°	Dunne *et al.*, 2013
HadGEM2-ES	英国气象局哈德利中心、西班牙国家空间研究所	1.25°×1.875°	Collins *et al.*, 2011

续表

模式名称	机构	原始分辨率	参考文献
IPSL-CM5A-LR	法国皮埃尔-西蒙拉普拉斯研究所	1.875°×3.75°	Dufresne *et al.*, 2013
MIROC-ESM-CHEM	东京大学研究所、日本国立环境研究所和日本海洋地球科学技术厅	2.8°×2.8°	Watanabe *et al.*, 2011
NorESM1-M	挪威气候中心	1.875°×2.5°	Bentsen *et al.*, 2013

二、干湿指标的计算方法

（一）潜在蒸散与干湿指数

陆地表层干湿状况是各种环境因子有机结合、相互作用和制约的结果，能够反映区域的综合环境状况，体现区域间的总体气候差异。降水可以用来反映地表的大气水分输入，是典型水分指标之一。随着对干湿特征及其影响研究的发展，目前的主要观点认为气候干湿性质或程度是相对而言的。干湿气候的类型判定是相当复杂的问题。因此除降水本身外，降水和潜在蒸散的平衡关系可以用来表征区域的水分平衡状况，从而组合构造出其他的水分指标（Vicente-Serrano *et al.*, 2010; Cook *et al.*, 2014）。降水和潜在蒸散是地表水分收支的两个重要过程。降水增多有利于地表变湿。潜在蒸散增大促使地表变干。潜在蒸散高于降水，表明地表的大气水分输入无法满足蒸发需求，空气干燥，高出越多越干燥；反之则表明地表的大气水分输入高于蒸发需求，空气湿润，高出越多越湿润（张存杰等，2016）。干湿指数和水分盈亏量，分别用降水与潜在蒸散的比值和差值表示，描述了地表水分收支之间相对或绝对的供需平衡关系，是表征地表干湿状况的综合性指标。其中，干湿指数（aridity index，AI）作为潜在蒸散和降水的比值，可用于指示地表干湿状况，是陆表自然地域系统划分的关键水分指标（郑度，2008）。降水和潜在蒸散的比值为湿润指数，也常用于衡量干湿程度、划分干湿等级水分指标。干湿指数和湿润指数是一组具有类似意义的倒数。

本书用到的干湿指数（AI）是潜在蒸散（ET_O）月值和降水（P）月值的比值（Budyko，1974）：

$$AI=ET_O/P \qquad （式 2-1）$$

其中，ET_O 反映了保持环境水分平衡的最大水分需求，P 反映了大范围的水分供给。降水是气象观测的直接数据。由于大范围的 ET_O 较难获取，ET_O 通常由模型模拟得到。

潜在蒸散的估算方法多种多样，主要有三种，分别为桑斯维特（Thornthwaite）方法、彭曼-蒙蒂思（Penman-Menteith）方法和霍尔德里奇（Holdridge）方法。其中桑斯维特方法以月平均温度为主要依据，同时考虑纬度因子计算潜在蒸散（Thornthwaite，1948）；彭曼-蒙蒂思模型从能量平衡和空气动力学理论出发，计算所需的气候因子较多，包括最高气温、最低气温、水汽压、日照时数和风速等；霍尔德里奇方法主要以植物生物温度为基础计算潜在蒸散。目前，彭曼-蒙蒂思模型是广泛用来模拟 ET_O 的方法之一（Allen *et al.*，1998）。该模型强调了辐射和空气动力学对 ET_O 的重要作用，因而对于气候变化背景下干湿区变化的预估更加合适（Sherwood and Fu，2014; Huang *et al.*，2016b）。1998 年联合国粮农组织（Food and Agriculture Organization of the United Nations, FAO）推荐的经过改进的彭曼−蒙蒂思模型（以下简称 FAO56-PM 模型）在干旱和湿润条件下都具有较好的适用性。模型中的辐射根据埃斯屈朗（Ångström）公式计算，其准确性取决于具有区域限制性的经验系数。通过 FAO56-PM 模型估算 $\mathrm{ET_O}$ 的公式如下（Allen *et al.*, 1998）：

$$\mathrm{ET_O} = \frac{0.408\Delta\left(R_\mathrm{n} - G\right) + \gamma\dfrac{900}{T+273}U_2\left(e_\mathrm{s} - e_\mathrm{a}\right)}{\Delta + \gamma\left(1 + 0.34U_2\right)} \qquad （式 2-2）$$

式中，Δ 为饱和水汽压曲线斜率（千帕/摄氏度），R_n 为净辐射（兆焦耳/平方米/天），G 为土壤热通量（兆焦耳/平方米/天），γ 为干湿常数（千帕/摄氏度），U_2 为 2 米高处的风速（米/秒），e_a 为实际水汽压（千帕），e_s 为平均饱和水汽压（千帕）。

其中 Δ 的计算公式为：

$$\Delta = \frac{4098\left[0.6108\exp\left(\dfrac{17.27T}{T+237.3}\right)\right]}{\left(T+237.3\right)^2} \qquad （式 2-3）$$

式中，T 为日均温（摄氏度），是最高气温（T_x）和最低气温（T_n）的算术平均值：

$$T = \frac{T_\mathrm{x} + T_\mathrm{n}}{2} \qquad （式 2-4）$$

净辐射 R_n 是净短波辐射 R_ns（兆焦耳/平方米/天）和净长波辐射 R_nl（兆焦耳/平方米/天）的差值，算法如下：

$$R_\mathrm{n} = R_\mathrm{ns} - R_\mathrm{nl} \qquad （式 2-5）$$

$$R_\mathrm{ns} = \left(1 - 0.23\right)\times\left(a + b\frac{n}{N}\right)R_\mathrm{so} \qquad （式 2-6）$$

$$R_\mathrm{nl} = \sigma\left(\frac{T_{x,k}^4 + T_{n,k}^4}{2}\right)\left(c - d\sqrt{e_\mathrm{a}}\right)\left(e + f\frac{n}{N}\right) \qquad （式 2-7）$$

式中，n 为实际日照时数（小时），N 为可照时数（小时），R_{so} 为晴天总辐射（兆焦耳/平方米/天），σ 为斯特藩-玻尔兹曼（Stefan-Boltzmann）常数（4.903×10^{-9} 兆焦耳开尔文$^{-4}$/平方米/天），$T_{x,k}$ 和 $T_{n,k}$ 分别为绝对温标的最高、最低气温（开尔文=摄氏度+273.16）。$a \sim f$ 是地区辐射经验系数，决定着 R_n 值的准确性，且具有区域局限性。因此，$a \sim f$ 采用经过全国辐射观测站进行校正后的值（Yin *et al.*, 2008），即 a=0.20，b=0.79，c=0.56，d=0.25，e=0.10，f=0.90，可以使 FAO56–PM 模型的结果更好地表征中国地区的干湿状况。

晴天总辐射 R_{so} 是关于海拔高度 h（米）和天文辐射 R_a（兆焦耳/平方米/天）的函数，可照时数 N 为太阳日落角 ω_s（弧度）的函数：

$$R_{so} = \left(0.75 + 2 \times 10^{-5} h\right) R_a \qquad （式 2-8）$$

$$N = \frac{24}{\pi} \omega_s \qquad （式 2-9）$$

$$R_a = \frac{24(60)}{\pi} G_{sc} d_r \left[\omega_s \sin(\varphi) \sin(\delta) + \cos(\varphi) \cos(\delta) \sin(\omega_s) \right]$$

$$（式 2-10）$$

$$\omega_s = \arccos\left[-\tan(\varphi) \tan(\delta) \right] \qquad （式 2-11）$$

式中，G_{sc} 为太阳常数[0.082 兆焦耳/平方米/分钟]，φ 为纬度（弧度）（北半球为正值），d_r 为日地相对距离（弧度），δ 为太阳赤纬（弧度），后两者都是关于自然日 J（1 月 1 日，J=1；12 月 31 日，J=365 或 366）的函数：

$$d_r = 1 + 0.033 \cos\left(\frac{2\pi}{365} J\right) \qquad （式 2-12）$$

$$\delta = 0.409 \sin\left(\frac{2\pi}{365} J - 1.39\right) \qquad （式 2-13）$$

（式 2-2）中，土壤热通量 G 相对净辐射而言很小：

$$G_{\text{mon},i} = 0.14(T_{\text{mon},i} - T_{\text{mon},i-1}) \tag{式 2-14}$$

式中，$T_{\text{mon},i}$ 为第 i 月的平均气温；$T_{\text{mon},i-1}$ 为第 $i-1$ 月的平均气温。

干湿常数 γ：

$$\gamma = \frac{C_p P}{\varepsilon \lambda} = 0.000665P \tag{式 2-15}$$

$$Pa = 101.3\left(\frac{293 - 0.0065h}{293}\right)^{5.26} \tag{式 2-16}$$

$$\lambda = 2.501 - 0.002361T \tag{式 2-17}$$

式中，C_p 为空气比热容（1.01301^{-3} 兆焦耳/千克/摄氏度）；Pa 为大气压强（千帕）；ε 为水汽分子量与干空气的分子量之比（0.622）；λ 为蒸发潜热（兆焦耳/千克）。

2 米高处的风速 U_2 由 10 米高处的风速 U_{10} 校正而来：

$$U_2 = 0.75 \times U_{10} \tag{式 2-18}$$

平均饱和水汽压 e_s 和实际水汽压 e_a 的算法为：

$$e_s = \frac{e^\circ(T_x) + e^\circ(T_n)}{2} \tag{式 2-19}$$

$$e_a = \frac{RH_{\text{mean}}}{100} e_s \tag{式 2-20}$$

$$e^\circ(T) = 0.6108\exp\left(\frac{17.27T}{T + 237.3}\right) \tag{式 2-21}$$

式中，RH_{mean} 为平均相对湿度（%），$e^\circ(T)$ 为饱和水汽压（千帕）。

（二）标准化降水蒸散指数

极端干湿事件可用月地表湿润指数的标准化变量来定义，变量值小于等于–0.5 和大于等于 0.5 分别代表极端干旱事件和极端湿润事件。常用的干旱指数还有标准化降水指数（Standardized Precipitation Index, SPI）、标准化降水蒸散指数（Standardized Precipitation Evapotranspiration Index, SPEI）、帕默尔干旱指数（Palmer Drought Severity Index, PDSI）等。其中 SPI 是仅从水分供给进行考虑的指标，PDSI 和 SPEI 则同时考虑了水分的供给和需求。另一方面，与 PDSI 不同的是，SPI 和 SPEI 可以在不同的时间尺度上计算，因而可监测多尺度的干旱事件（Mckee *et al.*, 1993; Vicente-Serrano *et al.*, 2010）。此外，SPEI 比 PDSI 更适合于监测短期干旱（Zhao *et al.*, 2015）。

SPEI 的常用时间尺度有 1、3、6、12、24 和 48 月尺度，分别对应月、季、半年、年、两年和四年的累积水量平衡。由于植被生理生态特征的差异，不同的植被生态系统具有不同的最敏感干旱尺度，即在此尺度干旱影响下植被活动表现得比在其他尺度干旱影响下更为脆弱。一般森林和灌丛生态系统的最敏感干旱尺度比草地和耕地的要大（Li *et al.*, 2015a; Zhang *et al.*, 2017），但大部分生态系统均对 12 月尺度的干旱尺度表现出较高的脆弱性（Deng *et al.*, 2020a）。再考虑到本书中对降水、潜在蒸散和干湿指数的结果分析是以年（12 个月）为时间单位进行的，故本章选用 12 月尺度的 SPEI 进行计算和分析。

SPEI 的计算是基于月 P 和 ET_0 的差值序列进行的，维森特-塞拉诺等（Vicente-Serrano *et al.*, 2010）提供了 1901～2015 年全球陆地格点（0.5°×0.5°）的 1～48 月尺度 SPEI 数据集（https://spei.csic.es/）。这套数据集是基于英国气候研究中心（Climatic Research Unit, CRU）开发的全球格点（0.5°×0.5°）地表数据集计算而得，而 CRU 数据由全球的气象观测数据插值而得（Harris *et al.*, 2014）。在计算这套 SPEI

数据的过程中，ET_O 的算法采用的是较为简单的桑斯维特方法（Thornthwaite, 1948）。而刘珂和姜大膀（2015）通过对比研究发现用彭曼–蒙蒂思模型计算 ET_O 的 SPEI 数据可以更合理地反映干湿状况。因此，为了更进一步地准确模拟研究区的 ET_O，本研究把原 SPEI 算法中的桑斯维特模型替换为经过辐射模块校正的 FAO56–PM 模型（公式 2–2）（Yin *et al.*, 2008）。由此计算逐月 P 和 ET_O 的差值 D：

$$D = P - ET_O \qquad （式 2\text{--}22）$$

在不同的时间尺度下，D 具有不同的意义。k 尺度的 SPEI 是用当前月及往前推 $k–1$ 个月的 P 和 ET_O 计算的，如在今年 6 月份的 3 月尺度 SPEI 反映的是今年 4～6 月的干湿状况，今年 6 月份的 12 月尺度 SPEI 反映的是去年 7 月至今年 6 月的干湿状况，以此类推。本研究用 12 月尺度，则第 i 年第 j 月的 $D_{i,j}$ 为：

$$\begin{cases} D_{i,j} = \displaystyle\sum_{l=1+j}^{12} D_{i-1,l} + \sum_{l=1}^{j} D_{i,l} & j < 12 \\[2ex] D_{i,j} = \displaystyle\sum_{l=1}^{12} D_{i,l} & j = 12 \end{cases} \qquad （式 2\text{--}23）$$

获取了 D_i 数据序列后，对其进行正态化处理，采用三个参数的对数逻辑斯蒂（Log–Logistic）概率分布，其累积函数为：

$$F(x) = \left[1 + \left(\frac{\alpha}{x - \gamma} \right)^{\beta} \right]^{-1} \qquad （式 2\text{--}24）$$

式中的三个参数用线性矩（L–Moment）方法拟合获得。正态化转换后，对累积概率密度 $P(x)$ 进行标准化：

$$P(x) = 1 - F(x) \qquad （式 2\text{--}25）$$

当 $P(x) \leqslant (x)$ 时：

$$W = \sqrt{-2\ln P(x)} \qquad （式 2\text{--}26）$$

$$\text{SPEI} = W - \frac{c_0 - c_1 W + c_2 W^2}{1 + d_1 W + d_2 W^2 + d_3 W^3} \qquad （式 2\text{--}27）$$

式中，c_0=2.515 517，c_1=0.802 853，c_2=0.010 328，d_1=1.432 788，d_2=0.189 269，d_3=0.001 308。当 $P(x)>0.5$ 时，$P(x)=1-P(x)$，SPEI 取相反值：

$$\text{SPEI} = -W + \frac{c_0 - c_1 W + c_2 W^2}{1 + d_1 W + d_2 W^2 + d_3 W^3} \qquad （式 2\text{--}28）$$

三、数据校正与空间插值

在利用算法计算出潜在蒸散后，为获取格点气候数据，通过薄光滑样条法，将站点上各降水和潜在蒸散的月值数据插值到逐月栅格数据（0.5°×0.5°）。在对水分指标进行空间插值时，考虑到水分因素随海拔变化规律不明显，需先进行插值效果的对比检验（刘志红等，2008）。陆表自然地理环境一般由自然要素的 30 年均值来表征，因此选取 1981～2010 年均值数据为代表，随机预留 60 个（约 10%）站点用于验证插值结果，剩余站点采取以下几种方式进行插值（表2–2）。将验证站点水分指标的观测值与插值结果进行对比，进而选取出最佳插值方案。

表 2–2　用于水分指标插值对比的多种薄板光滑样条插值设置方法

插值对象	独立变量	独立协变量	数据转换方式	结果表示
ET_O	经度、纬度	无	不转换	E'
ET_O	经度、纬度	高程	不转换	E_h
ET_O	经度、纬度	无	平方根转换	E_q
ET_O	经度、纬度	高程	平方根转换	E_{hq}

续表

插值对象	独立变量	独立协变量	数据转换方式	结果表示
P	经度、纬度	无	不转换	P'
P	经度、纬度	高程	不转换	P_h
P	经度、纬度	无	平方根转换	P_q
P	经度、纬度	高程	平方根转换	P_{hq}
AI	经度、纬度	无	不转换	AI'
AI	经度、纬度	高程	不转换	AI_h

先用散点图直观对比 60 个验证站点的 1981～2010 年水分指标多年均值的空间插值结果与观测值（图 2–1 至图 2–4）。通过对比发现，插值 ET_O 的四种方法中，考虑高程的插值结果 E_h 和 E_{hq} 较为准确（图 2–1（b）和图 2–1（d）），观测—插值的散点更靠近 1∶1 斜线。插值 P 的四种方法中，不论是否考虑均方根转换，是否以海拔为协变量，插值结果都能很好地反映观测值，观测—插值散点斜率为 0.95 或 0.96（图 2–2）。AI 观测值为 ET_O 多年观测均值和 P 多年观测均值的比值。因 AI 的极大值很容易影响散点图对比，因此只考虑小于等于 4，即干旱阈值以下的 AI 值。对 AI 进行空间插值，可得到验证站点的 AI 插值。此外，还可选用 ET_O 插值结果中插值效果较好的 E_h 和 E_{hq}，分别除以四种方法插值出来的 P，来得到验证站点的 AI 插值。将这些 AI 插值与观测值对比，发现 ET_O 插值结果 E_h 或 E_{hq} 分别除以 P 插值结果 P' 或 P_q 得到的结果能最好地反映观测值，表现为观测—插值散点斜率（0.90～0.91）最接近 1 且截距（0.06）最接近 0（图 2–4（a）、图 2–4（c）、图 2–4（e）、图 2–4（g））。直接对 AI 进行插值得到的结果反而不如上述结果准确（图 2–3）。

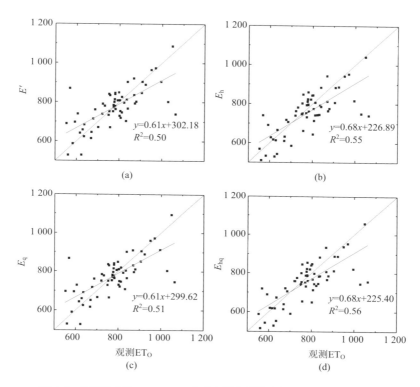

图 2-1　验证站点的 1981~2010 年多年潜在蒸散均值的插值—观测散点图

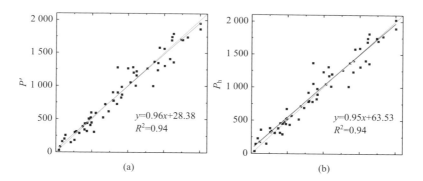

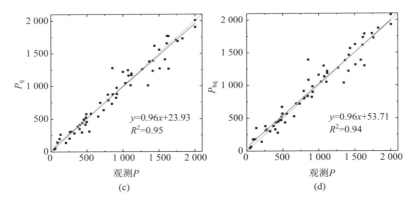

图 2-2　验证站点的 1981~2010 年多年降水均值的插值—观测散点图

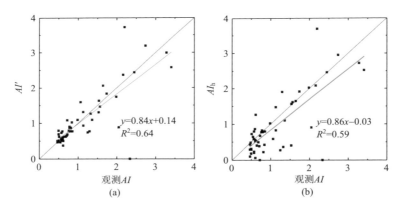

图 2-3　验证站点的 1981~2010 年多年干湿指数的插值—观测散点图

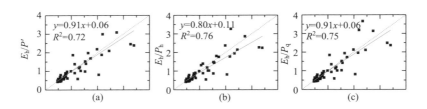

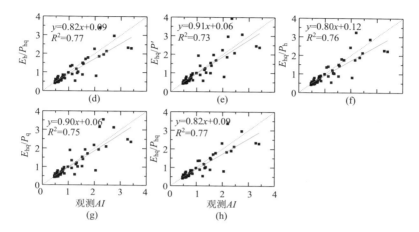

图 2-4　验证站点 1981～2010 年潜在蒸散和降水的插值比值—干湿指数观测值散点图

进一步用泰勒图检验站点水分指标多年均值的插值效果（图 2-5）。均方根误差 RMSE 越低、相关系数 r 和标准偏差 SD 越接近 1，说明插值结果越接近观测值。泰勒图结果验证了散点图的对比结论。在 ET_O 的插值结果中，考虑海拔的 E_h 和 E_{hq} 在泰勒图上更接近观测值（图 2-5（a））。P 的四个插值结果都和观测值很接近（图 2-5（b）），其中最接的是 P_q，RMSE、r 和 SD 分别为 0.23、0.97 和 0.99。直接进行 AI 插值，不如用 ET_O 插值和 P 插值计算的 AI 准确（图 2-5（c））。在后者中，用 E_{hq} 除以 P_q 计算的 AI 与观测值最接近，RMSE、r 和 SD 分别为 0.38、0.96 和 0.71。

综上对比，选用以下方式获取水分指标的空间插值数据：插值 ET_O 时，以海拔为协变量，且进行均方根转换，即 E_{hq}；插值 P 时，不用海拔协变量，进行均方根转换，即 P_q；用 E_{hq}/P_q 得出目标格点的 AI。同理，用 P_q 和 E_{hq} 得出目标格点的 SPEI。

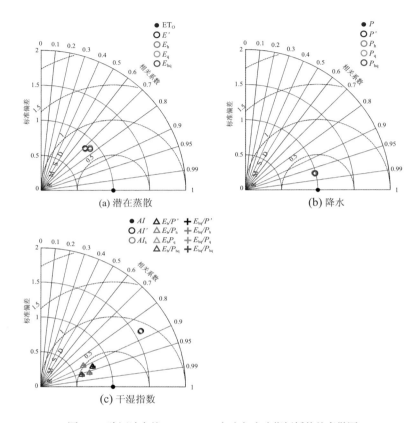

图 2-5 验证站点的 1981~2010 年多年水分指标插值的泰勒图

注：模拟值的点离观测值越近，模拟效果越好。

模拟数据用于未来气候变化影响研究之前，需要进行偏差校正，以降低气候模式模拟与气候观测之间的差异（Feng *et al.*, 2012; Engelbrecht and Engelbrecht, 2016）。本研究中，模拟气候变量经调整后得到与基准时段（1981~2010 年）相同的中国区域年平均值。具体而言，通过计算基准时段观测数据与每套大气环流模式数据之间

的差值，并加之到大气环流模式未来情景数据，可获得 2011～2099
年的校正后数据（Yin *et al*., 2013）。

　　本研究中还用到了五个大气环流模式的多模式集合平均，假设
这些模式各自独立，并给予它们相等权重。多模式集合能够体现气
候系统的共性，并且给出此共性的可信度（Taylor *et al*., 2012）。多模
式平均方法对全球及区域气候的模拟效果通常优于单个模式（Pierce
et al., 2009; Knutti *et al*., 2010; Zhao *et al*., 2014）。研究表明，这五个
大气环流模式在中国区域的多模式集合平均模拟值与观测值较为一
致，能够重现基准时段的干湿变化（Yin *et al*., 2015）。

第二节　1961～2015 年干湿状况变化

一、辅助数据与干湿状况分析方法

（一）辅助数据

　　中国气候类型多样，从热带到寒温带，从潮湿到干旱，生态系
统也各不相同。本研究采用郑度（Zheng, 1999）的生态地理区域分
布来描述中国干旱变化的空间差异。此外，在本研究中，选择了尼
诺 3.4 地区（5°N～5°S，120°W～170°W）上的海表温度异常（Sea
Surface Temperature Anomaly, SSTA）作为厄尔尼诺/南方涛动（El
Niño-Southern Oscillation, ENSO）的指标，并从美国国家海洋和大气
管理局（National Oceanic and Atmospheric Administration, NOAA）的
气候预测中心下载了该数据。1961～2015 年的月 Nino 3.4 SSTA 值是
基于每 5 年更新的 30 年基期计算的，以消除近几十年来的变暖趋势。

太平洋年代际振荡（Pacific Decadal Oscillation, PDO）通常被认为是太平洋气候变率的一种长期存在的类似厄尔尼诺的现象（Zhang *et al.*, 1997）。本研究中 1961～2015 年的月 PDO 指数同样从 NOAA 国家环境信息中心获得。

（二）线性拟合与显著性检验

使用线性回归分析来检测从 1961 年到 2015 年的年 ET_O、P 和 AI 的线性趋势。回归的斜率由普通最小二乘法计算，用于量化随时间变化的线性趋势（斜率）。当斜率为正时，变量随时间的增加呈上升趋势；当斜率为负时，变量随时间的增加呈下降趋势。斜率的大小反映了上升或下降的速率。然后采用曼-肯德尔（Mann-Kendall）非参数趋势检验（MK 检验）判断变化趋势的显著性（Sneyers, 1990）。该方法不要求变量具有正态分布特征，且不受少数异常值干扰，适合处理气象、水文数据。最小二乘法和 MK 检验法已经广为熟知，许多软件都有自带功能（如 MATLAB），这里不再赘述。

（三）集合经验模态分解

集合经验模态分解（Ensemble Empirical Mode Decomposition, EEMD）是一种自适应的、利用噪声辅助的时间序列分析方法（Huang and Wu, 2008; Wu and Huang, 2009）。它能有效地从复杂信号中提取出具有多尺度特征的长期趋势和振荡分量，适用于处理非线性和非平稳过程。EEMD 继承了其前身经验模态分解（Empirical Mode Decomposition，EMD）在信号处理和时频特性分析方面的众多优势（Huang *et al.*, 1998）。同时，EEMD 解决了 EMD 中存在的尺度混合问题，保证了本征模态函数（Intrinsic Mode Function, IMF）的物理唯一性。将 EEMD 应用到多维时空数据，可以得到不同时间尺度所对应的周期振荡空间结构，同时分离出随时空变化的趋势动态。此外，EEMD 不需要先验假设，它根据局部特征对数据进行分解。近年来，EEMD 逐渐被纳入气候变化领域（Wu *et al.*, 2011; Franzke, 2012; Ji *et al.*, 2014; Li *et al.*, 2017），其中以降水、蒸散发等水文要素为主的研究多集中在区域尺度上。

EEMD 的核心思路是向原始序列 $x(t)$ 添加白噪声并进行平稳化处理，并将混合后的数据逐级分解成有限个振幅频率受调制的振荡分量 $C_j (j=1, 2, \cdots, n)$ 和一个残差分量 R_m。

$$x(t) = \sum_{j=1}^{m} C_j(t) + R_m(t) \qquad (\text{式 } 2\text{-}29)$$

式中，t 对应于以年为单位的时间（t=1961, 1962, 1963, 数据逐级分解成），C_j 是一个有限的振荡函数集合，称为 IMFs，通过多次重复求取集合平均作为最终的 IMF。经过足够的试验次数加入的噪声能够相互抵消，实现双值滤波窗口下的自适应的稳定分解。IMF 的数量和属性取决于资料本身的长度和局部特征。R_m 为单调序列或最多包含一个极值，可认为其去除了原始数据固有的波动性，保留了能够代表信号真实信息的长期变化趋势。该趋势不依赖于任何既定形态，并且随时间推移而改变，与传统的线性拟合方法相比，能够更好地反映时间序列潜在的非线性、非平稳特征。

为了获得时空上一致的信息，首先需要在每个站点以相同的数据长度执行 EEMD。从 55 年的时间序列中，获得了整个区域内每个站点的四个 IMF 和最后的残差。然后将来自所有站点相似时间尺度上的振荡分量组合在一起，以形成该时间尺度的空间结构演变。同样，长期趋势以随时空变化的瞬时速率显示。该方法可被视为一种多维 EEMD，它结合了时空局域性，有利于气候系统演化的诊断（Ji *et al.*, 2014）。在本研究中，将 EEMD 应用于年数据时，对时间序列进行了 100 次振幅为 0.2 的白噪声增强试验。采用蒙特卡罗方法检验 IMF 的统计显著性，表明在给定的置信水平下，IMF 是否包含具有实际物理意义的信息（Wu and Huang, 2004）。将平均周期为 1～10 年和 10～50 年的 IMF 分量分别被视为年际变化和年代际变化。考虑到数据长度的限制，没有研究平均周期为 50 年的情况下的多年代际变化。残差趋势的变化率（Rate(*t*)）由其时间导数确定，代表非线性趋势在不同时刻的变化方向与快慢：

$$\text{Rate}(t) = \mathrm{d}R_m(t)/\mathrm{d}t \qquad （式 2-30）$$

式中，$\mathrm{d}R_m(t)$ 和 $\mathrm{d}t$ 分别表示 $R_m(t)$ 和 t 的微分，$\mathrm{d}R_m(t)/\mathrm{d}t$ 是 $R_m(t)$ 对 t 的一阶导数。

（四）干湿变化影响因素分析

为定量评价过去 55 年潜在蒸散和降水要素对干湿指数的影响，首先对潜在蒸散和降水序列进行去趋势处理，然后重新计算干湿指数。原始干湿指数与重构干湿指数的差值占原始干湿指数的比例，认为是潜在蒸散或降水趋势引起的干湿指数变化。

从原始序列减去趋势时需要加上趋势起始值，以确保去趋势序列和原始序列具有可比性，进而得到平稳化的时间序列（式 2-31）。利用去趋势的潜在蒸散和原始降水，或者去趋势的降水和原始潜在蒸散，重新计算干湿指数并与原始值做比较，最终得到差值百分比（式 2-32 和式 2-33）。

$$x_{\text{detrend}}(t) = x(t) - R_m(t) + R_m(1961) \qquad （式 2-31）$$

$$\text{Ratio}_p(t) = \frac{AI(t) - \dfrac{\text{ET}_{\text{ODetrend}}(t)}{P(t)}}{AI(t)} \times 100\% \qquad （式 2-32）$$

$$\text{Ratio}_p(t) = \frac{AI(t) - \dfrac{\text{ET}_{\text{O}}(t)}{P_{\text{Detrend}}(t)}}{AI(t)} \times 100\% \qquad （式 2-33）$$

二、干湿要素的线性变化趋势

（一）干湿要素变化的区域差异

1961～2015 年期间，潜在蒸散、降水和干湿指数变化的空间异质性较强，而且这三个要素的站点线性趋势在不同地理区的频率分布也有很大的差异。这说明中国不同区域的干湿状况发生了不同的变化。其中，潜在蒸散减少和降水增加导致西北和华南大部分站点干湿指数下降，即有湿润化趋势。在青藏高原地区，尽管大部分站点潜在蒸散增加，但降水增加的站点所占比例更大，故干湿指数也主要表现为下降（趋湿）。干湿指数在内蒙古的下降（趋湿）则是由于潜在蒸散的减少趋势强于降水的减少趋势。在华北地区，尽管潜在蒸散和降水都呈减少趋势，但降水减少的站点多于潜在蒸散减少的站点，因而干湿指数呈上升趋势，即有干旱化趋势。各地理区中站点平均干湿指数变化趋势最大的是西北地区，平均每年下降 0.128 1。其次是青藏高原地区，干湿指数平均每年下降 0.030 9。华南地区站点平均干湿指数变化最小，变化速率为−0.000 9，即趋湿速率在西北最快、青藏高原次之、华南地区最慢。

（二）标准化降水蒸散指数变化的区域差异

从 1981～2010 年中国 12 月尺度的标准化降水蒸散指数（SPEI）逐月数据序列来看，期间变化呈减少趋势的格点更多，约占总格点数的 61%（图 2–6）。分气候区统计结果表明，SPEI 在东部地区的大部分气候区呈减少趋势，即趋干，其中寒温带湿润区全部格点趋干（–0.003 6±0.001 6）（图 2–6（a）），且有约 91% 的格点趋干趋势显著（$p < 0.05$）。西部地区中北方半干旱区的 SPEI 也以减少为主（–0.001 8±0.001 7），约 84% 的格点趋干显著（图 2–6（h））。青藏高原区是唯一以湿润化趋势为主的气候区（图 2–6（j）），有 72% 的格点 SPEI 表现为增加趋势（0.001 8±0.003 2），其中有 59% 显著。在暖温带湿润半湿润区和西北干旱区，SPEI 的正负趋势占比相当，正负趋势占比分别为 44:56 和 46:54，所以还是偏向于趋干。SPEI 平均趋势分别为 –0.000 1±0.002 1 和 –0.000 1±0.003 9（图 2–6（c）、图 2–6（i））。对比可知，SPEI 反映的干湿变化趋势分布与干湿指数反映的结果有所差异，可能与研究时段和指标内涵等的差异有关。指标内涵难以定量分析，所以接下来对干湿要素的非线性变化过程展开研究，并分析 1961～2015 年期间要素的振荡周期和分时段变化等特征，从而更全面地理解我国的干湿状况变化特征。

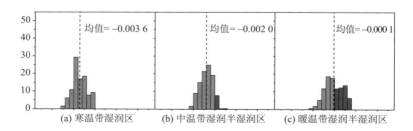

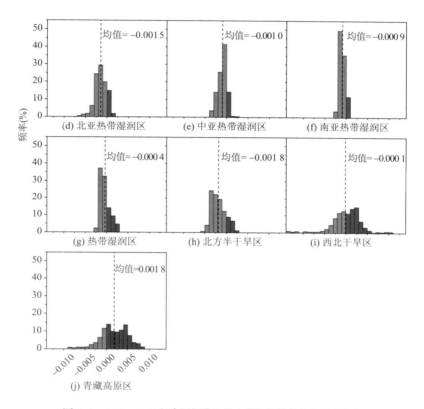

图 2-6　1981~2010 年中国标准化降水蒸散指数变化的频率分布

三、干湿要素的非线性变化过程

（一）潜在蒸散

利用 EEMD 方法对 1961~2015 年的潜在蒸散序列进行分解，得到 IMF1、IMF2、IMF3 和 IMF4 的平均周期。大多数站点的 IMF1 分量为准 3 年振荡，但未通过显著性统计检验。IMF2 分量以 5 年和

6 年的准周期振荡为主，显著周期主要分布在西北地区、青藏高原和长江三角洲。IMF3 的平均周期在东南地区以 11 年为主，西北地区以 14 年为主，大约 31%的站点表现为显著，集中在华北平原、西北地区和青藏高原。对于 IMF4，超过 42%的站点呈现显著振荡，主要周期为东南地区 21～30 年、西北地区 41～50 年。IMF 平均周期的空间格局说明，年潜在蒸散在西北地区比在东南地区具有更长周期的变化。

EEMD 分解得到的残差项能够代表时间序列的长期变化趋势，对各个站点的残差序列求取时间导数可得到变化速率，进而获得非线性趋势的空间演变过程。然后，计算潜在蒸散在 1970 年、1980 年、1990 年、2000 年和 2010 年的变化速率。最明显的非线性变化位于长江中下游以南地区，潜在蒸散在 1970 年主要表现为减少且速率快于 2 毫米/年，但是在 1980 年速率有所减弱，部分站点到 1990 年转变为增加，速率在-2～2 毫米/年之间。该地区的潜在蒸散在 2000 年呈现出较大速率的增加趋势。大部分站点到 2010 年速率在 2 毫米/年以上。其他地区的变化包括，内蒙古高原东部和西北部分地区潜在蒸散先减少后增加，而在华北地区和青藏高原南部潜在蒸散的趋势变化则恰好相反。线性分析显示，1961～2015 年全国大多数（40.84%）站点的潜在蒸散呈现出明显的线性减少趋势，只有少数（11.17%）站点呈现出显著的线性增加趋势。这些站点主要分布在东北地区和黄土高原。

（二）降水

1961～2015 年期间降水 IMF1、IMF2 和 IMF3 分量的主要周期与潜在蒸散相似，但只有少数站点具有显著周期。详细地说，IMF2

平均周期显著的站点不超过 5%，主要分布在东北地区南部、长江三角洲和西北地区西部。IMF3 和 IMF4 平均周期显著的站点分散于西北和华南。此外，IMF4 的平均周期范围大部分在 21～30 年之间，尤其在西北地区，其主要周期明显小于潜在蒸散。过去 50 年的年降水量变化格局呈现出明显的空间分异。

从各自的 EEMD 趋势来说，降水在 1970 年、1980 年和 1990 年的变化速率空间格局较为相似，即东南地区、西北地区和青藏高原表现为增加，除了在 1990 年降水减少的区域扩大至东北地区西部。然而，速率为正的区域自 2000 年起逐渐扩大，特别是东北地区南部和华北，降水开始增加。同一时段，速率为负的区域有所收缩，如长江中下游以南和内蒙古东部，降水先增加后减少。至 2010 年，约 61% 的站点呈现增加趋势，其中东部地区的增加速率普遍快于 2 毫米/年。从线性趋势的角度来看，降水在东南沿海、西北内陆和青藏高原呈显著增加趋势（10.47%），在黄土高原和西南地区呈显著减少趋势（2.62%）。相比之下，线性趋势主要反映了 1990 年之前的降水变化格局，但是非线性分析能够更好地解释这之后的非一致变化。

（三）干湿指数

在干湿指数各 EEMD 的分量中，大多数站点的 IMF1 分量为准 3 年振荡，但其平均周期未通过 0.05 的显著性水平检验。IMF2 分量主要是 5 年和 6 年的准周期振荡，平均周期达到统计显著的站点只占 4.71%。IMF3 分量以 11 年和 14 年的准周期振荡为主，仅有 5.58% 的站点平均周期显著。对于 IMF4，显著振荡的平均周期基本在 20 年以上，站点比例为 8.55%。

　　由 EEMD 趋势的非线性变化可知,约 76.09% 的站点发生过转折。1970 年,西北地区、内蒙古和淮河以南 AI 下降,黄土高原、华北平原和东北东部 AI 上升,变化速率大多超过 0.005。1980 年,东北东部和淮河以南 AI 变化速率减慢,一般在 0.005 以下,内蒙古东部 AI 则从下降转变为上升。1990 年,AI 变化的空间格局与 1980 年大体一致,除了东北东部和华北平原南部的 AI 转变为下降。与 1990 年相比,AI 在 2000 年的速率快慢进一步增强,速率方向基本保持不变。但是,黄土高原中部的部分站点转变为下降,长江以南的一些站点转变为上升。截至 2010 年,AI 上升速率在 0.005 以上的站点从 2000 年的 23.91% 增加至 14.66%。这些站点主要分布在长江以南和西北地区。黄土高原中部 AI 在 2010 年下降明显。

　　总体上,过去 50 年 AI 线性趋势的空间格局,与非线性趋势在 1990 年的变化速率较为相似。AI 呈线性上升趋势的站点较少,主要分布在东北北部和西部、华北、黄土高原北部和华南东部。其中上升速率超过 0.005 的站点主要集中在北方地区。64% 以上的站点 AI 呈线性下降趋势,主要分布在西北、青藏高原、东北南部和淮河以南,其中西北干旱区 AI 下降显著,这里的 EEMD 变化速率也呈单调下降。

　　（四）干湿要素的全国平均状况

　　图 2-7 展示了 1961~2015 年全国 581 个站点平均的气候要素的 EEMD 分量和线性趋势。总的来说,IMF1 和 IMF2 代表年际变化,IMF3 和 IMF4 代表年代际变化。ET_0 具有准 3 年和准 6 年的年际尺度振荡,以及准 11 年和准 35 年的年代际尺度振荡（图 2-7（a））,其中 IMF4 在 99% 的置信水平上统计显著。ET_0 相对 1961~2015 年

时段均值的距平在 20 世纪 60 年代和 70 年代主要为正值，从 20 世纪 80 年代到 21 世纪初早期表现为负值，在 21 世纪初的中后期又返回正值（图 2–7（b））。ET_O 在 1961～2015 年期间的线性趋势为 –0.65±1.64 毫米/年（$p<0.01$）。ET_O 的残差趋势呈现出明显的非线性变化，以 20 世纪 90 年代中期为界先减少后增加，两个阶段的平均速率分别为–1.19 毫米/年和 0.58 毫米/年。就站点平均而言，P 的年际变化周期与 ET_O 相同，但年代际变化周期为准 14 年和准 24 年（图 2–7（c））。根据图 2–7（d），研究时段内 P 距平围绕零值上下波动，线性趋势并不显著，速率为 0.18±1.93 毫米/年。P 残差在 1992 年之前呈减速上升趋势，1992～2015 年呈加速上升趋势。站点平均 AI 的 IMF1、IMF2、IMF3 和 IMF4 平均周期分别为准 3 年、准 5 年、准 9 年和准 23 年（图 2–7（e））。

从前三个 IMF 可见，水文气候变量 ET_O、P 和 AI 具有相似的年际和年代际尺度准周期振荡。其中 IMF1 对原始序列的方差贡献最大，分别解释 ET_O、P 和 AI 总变异的 34.06%、73.60% 和 55.49%。这说明 AI 在年际到年代际时间尺度的振荡主要受 ET_O 和 P 影响，在 20 年以上时间尺度的振荡主要归因于 P 的变化。AI 距平在 1986 年之前主要为正值，之后基本为负值，总的线性趋势呈显著下降（图 2–7（f）），速率为–0.02±0.12 毫米/年（$p<0.01$）。AI 的 EEMD 残差先以渐慢的速率降低再以加快的速率降低，在 1997 年速率达最低值。对比三个变量的总体线性趋势可知，非线性变化更适合进一步揭示中国水文气候变量的时变趋势和年代际变化。

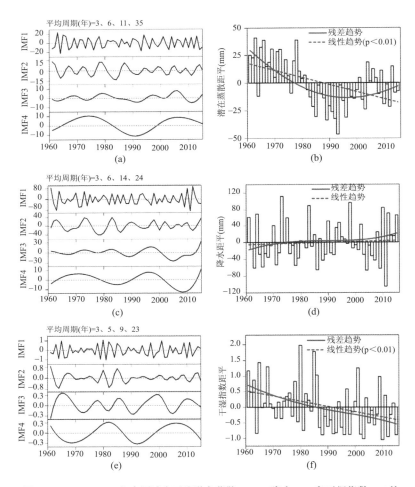

图 2-7 1961 ~ 2015 年中国站点平均潜在蒸散(a, b)、降水(c, d)和干湿指数(e, f)的
EEMD 分量和线性趋势

四、干湿状况变化的归因

（一）潜在蒸散和降水对干湿指数的影响

为了量化单个要素（ET_O 和 P）的非线性趋势对 AI 变化的相对贡献，接下来分析不同生态地理区域 AI 原序列与 ET_O 和 P 分别去除 EEMD 趋势之后重新计算 AI 序列的差异（图 2–8）。从各区 55 年平均结果来看，过去大部分区域 ET_O 或 P 变化导致 AI 降低，并且 P 趋势比 ET_O 趋势对 AI 变化的贡献大。其中 ET_O 趋势引起的 AI 平均降低幅度在 $-1.38 \sim -7.86\%$ 之间。变化最大的是中亚热带湿润区。而 P 趋势引起的 AI 平均降低幅度在 $-3.28 \sim -15.23\%$ 之间。变化最大的是热带湿润区。特别是亚热带和西北干旱区 ET_O 和 P 变化均导致 AI 降低。在研究时段西北干旱区 ET_O 减少、P 增加，分别促使 AI 平均下降 -4.24% 和 -10.66%。

此外，也有部分地区 ET_O 或 P 变化会导致 AI 增加，主要有温带、北方半干旱和青藏高原地区。其中，北方半干旱区在研究时段 ET_O 增加、P 减少，分别导致 AI 平均上升 1.34% 和 9.66%。在温带、热带和青藏高原区，ET_O 和 P 变化对 AI 的作用并不一致。P 趋势主导了暖温带湿润半湿润区 AI 的增加（15.51%）、寒温带湿润区和热带湿润区 AI 的减少（分别为 -5.43% 和 -15.23%）。中温带湿润半湿润区和青藏高寒区 ET_O 和 P 趋势的影响程度相当，正负恰好相反。在前一个区二者贡献的变化分别为 -2.68% 和 3.20%，在后一个区二者贡献的变化分别为 2.46% 和 -5.04%。

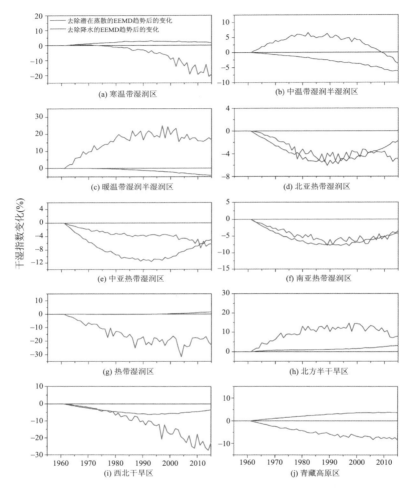

图2-8 干湿指数原始序列与去除 EEMD 趋势重构序列之间的变化

注：负值代表 ET_O 或 P 变化引起 AI 下降，正值代表 ET_O 或 P 变化引起 AI 上升。

ET_O 和 P 趋势对 AI 影响随时间变化的过程较为复杂，其中 AI 变化明显发生过转折的区域包括：ET_O 趋势促使亚热带和热带地区

AI 先下降后上升，其中在北亚热带湿润区和中亚热带湿润区 P 趋势促使 AI 在 1997 年后加速下降，在 1998～2015 年间分别引起了 –4.00% 和 –5.00% 的变化；P 的非线性变化导致中温带湿润半湿润区、暖温带湿润半湿润区和北方半干旱区 AI 先上升后下降；P 引发了寒温带湿润区和西北干旱区 AI 在 1997 年后的加速变化，分别贡献了 –13.57% 和 –20.30%。上述转折大多数出现在 20 世纪的八十年代至九十年代之间。

（二）干湿变化与大尺度气候振荡的关系

干湿指数及其决定因子（潜在蒸散、降水）与大尺度气候振荡（ENSO、PDO）之间的关系存在明显的区域分异。图 2–9 展示了中国不同生态地理区域这三个水文气候变量与 SSTA 以及 PDO 指数的相关性。整体而言温带湿润半湿润区（中温带和暖温带）、北亚热带湿润区、南亚热带湿润区、北方半干旱区和西北半干旱区受 SSTA 和 PDO 影响较小，其他地区受影响明显。其中寒温带湿润区和中亚热带湿润区主要受 PDO 影响；青藏高寒区主要受 SSTA 影响；热带湿润区受 SSTA 和 PDO 的影响都比较明显。考虑到 ENSO 事件和 PDO 现象的滞后效应，对干湿要素的滞后一年变量值与 SSTA 和 PDO 做进一步的相关分析，发现 SSTA 对中温带湿润半湿润区、北方半干旱区和西北干旱区也存在影响。

具体而言，寒温带湿润区和中亚热带湿润区的 ET_0 与 PDO 呈显著负相关；中温带湿润半湿润区滞后 P 与 SSTA 呈显著正相关；青藏高寒区 P 与 SSTA 显著负相关；热带湿润区 P 与 SSTA 和 PDO 都呈显著负相关，滞后 P 与 PDO 也呈显著负相关，而 ET_0 与 SSTA 呈显著正相关；北方半干旱区和西北干旱区滞后 ET_0 与 SSTA 显著负相关，滞后 P 与 SSTA 显著正相关。

SSTA 和 PDO 通过影响 ET_0 和 P 进而影响 AI，因而各区 AI 与 SSTA 和 PDO 的关系表现为：中温带湿润半湿润区、北方半干旱区和西北干旱区滞后 AI 与 SSTA 显著负相关；热带湿润区 AI 与 SSTA 和 PDO 都呈显著正相关，滞后 AI 与 PDO 也呈显著正相关；寒温带湿润区、中亚热带湿润区和青藏高寒区，虽然 ET_0 或 P 与大尺度气候振荡有明显的相关性，但是 AI 与 SSTA 或 PDO 的相关性并不显著。

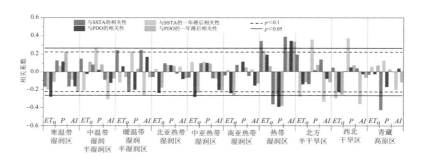

图 2-9 潜在蒸散、降水和干湿指数与 SSTA 和 PDO 指数的相关系数

第三节 未来气候变化下的干湿状况预估

一、气候模式对气候变化的模拟效果

在预估我国未来干湿变化特征之前，先借助气象站点观测数据，通过对比分析检验评估大气环流模式对基准时段气候要素的模拟效果。图 2-10 显示了 T、P、ET_0 和 AI 相对于基准期（1981～2010 年）的距平均值序列。模拟结果与 1981～2010 年的中国距平观测均值序列进行了对比，并且二者均进行了 10 年滑动平均处理。观测值的基准期均值一般在多模式均值上下一个标准差的范围之内。从区域平均的时序变化来看，除了 ET_O 和 AI 在 20 世纪 90 年代有正偏差之外，模拟值能很好地反映观测变量。这个正偏差很可能是因为风速观测值在此期间发生了下降，而大气环流模式没有捕捉到这一变化。

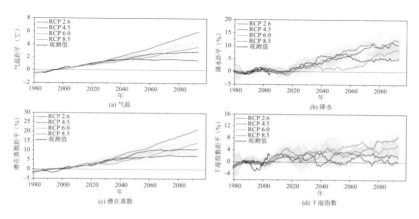

图 2-10　中国未来不同指标相对基准时段（1981～2010 年）的距平变化

注：实线代表 5 个大气环流模式在各 RCP 情景下的集合平均；阴影代表集合的标准差；
时间序列经过 11 年滑动平均处理。

模式预估的结果表明，T、P、ET_O 和 AI 四个要素的变化均在不同模型和场景之间存在相当大的差异。这些要素具有相似的趋势，但是不同 RCP 情景之间的变化幅度不同，尤其是在 2030 年之后。到 2050 年，RCP2.6 和 RCP8.5 的 T 分别相对于基准期升高 1.81 摄氏度和 2.84 摄氏度，在 21 世纪末则分别升高 1.58 摄氏度和 6.50 摄氏度。ET_O 显著增加，尤其是在 RCP8.5 下，到 2050 年增加 10.35％，到 21 世纪末增加 24.22％。预计 P 距平在 2010 年至 2020 年之间为负值，此后在剩余的研究期内它们将变为正值。P 增加最少的情景是 RCP6.0，到 2050 年和 2099 年可能分别增加 2.07％和 4.85％。到 21 世纪末，整个中国的 P 可能会增加约 10％（RCP6.0 除外）。2010 年之后，RCP6.0 和 RCP8.5 中的 AI 距平略有上升趋势。然而，对于 RCP2.6 和 RCP4.5，尽管 2010 年以后确实出现了正距平，但 AI 并没有明显的趋势。RCP 8.5 的 AI 增长最为显著，在 2050 年和 2099 年分别增长 8.18％和 13.08％（表 2–3）。

表 2–3　2050 和 2099 年中国四个 RCP 情景下气温、降水、潜在蒸散和干湿指数相对基准时段（1981～2010 年）的多模式距平均值

变量	年	RCP2.6	RCP4.5	RCP6.0	RCP8.5
气温（摄氏度）	2050	1.81	2.18	1.52	2.84
	2099	1.58	2.94	3.78	6.50
降水（%）	2050	5.73	3.50	2.07	2.15
	2099	9.00	10.33	4.85	10.17
潜在蒸散（%）	2050	6.60	9.27	4.05	10.35
	2099	6.36	10.53	15.89	24.22
干湿指数（%）	2050	0.58	5.45	1.57	8.18
	2099	−2.56	−0.11	11.06	13.08

利用泰勒图展示 1981～2010 年全国范围气候要素观测值与大气环流模式模拟值的统计和比较结果（图 2–11）。对于年平均气温，各大气环流模式模拟值与观测值的相关系数可达 0.96 以上；降水模拟值与观测值的相关系数约为 0.80；潜在蒸散模拟值与观测值的相关系数在 0.68～0.76 之间；干湿指数模拟值与观测值的相关系数较其他变量略低，约为 0.60。气温时空变化的标准差接近 1，其他变量为

0.75～1.25。总体上，相对于单个大气环流模式结果，多模式平均结果与观测值的相关性更高且均方根误差（RMSE）更低。由此表明，在未来气候变化研究中，采用多模式集合平均可在一定程度上降低单个模式所产生的误差和不确定性。

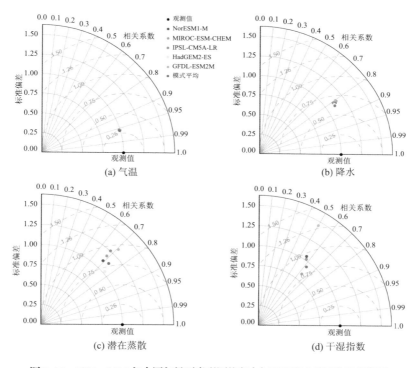

图 2-11　1981～2010 年中国气候要素观测值和大气环流模式模拟值的泰勒图

模式模拟值能够反映出潜在蒸散的区域差异，但变化程度较观测值偏大，尤其是在西北和中部地区。整体上，模拟潜在蒸散的空间分布与观测情况一致，空间相关系数达 0.77。模式较好地呈现了干湿指数从东南向西北逐渐递增的变化特征，其与观测值的空间相关系数为 0.76。总的来说，大气环流模式集合平均结果基本可以反映中国基准时段气候要素的时空变化特征。

二、未来气候变化下的干湿状况

（一）各情景下的变化特征

图 2–12 显示了 21 世纪中叶（2041～2070 年）各 RCP 情景下中国的 P 多模式均值相对于基准期（1981～2010 年）的变化。预计未来中国会有大片地区的降水增加，特别是在中国西部部分地区，年增长率超过 20%。对于 RCP2.6、RCP4.5 和 RCP8.5，这种较大规模的模式非常相似，其中 RCP8.5 的正距平最大。RCP6.0 情景下华南地区出现了最大的 P 负距平。21 世纪中期中国平均 P 距平在 RCP2.6、

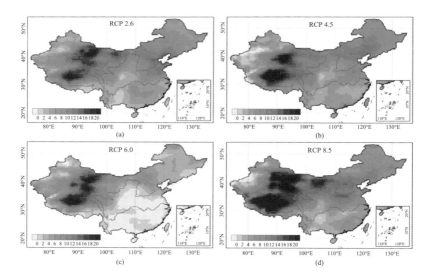

图 2–12　2041～2070 年中国相对于基准期（1981～2010 年）的降水距平百分率空间分布

RCP4.5、RCP6.0 和 RCP8.5 下分别为 7.94%、8.09%、4.62% 和 10.15%
（图 2–15）。这表明未来中国北方，尤其是西部地区的大气水分输入
可能明显增加，有利于环境的湿润化。

　　图 2–13 显示了 21 世纪中叶相对于基准期的模拟 ET_O 变化的空
间分布。结果表明，所有四个 RCP 的年度 ET_O 均发生正变化。在具
有最大温室气体排放量的 RCP8.5 情景下，ET_O 的变化幅度大于其他
RCP 情景。其中在东北和东南部的明显增加了 10% 以上，而在 100°E
以西的地区则增幅不超过 10%。在 RCP2.6 和 RCP6.0 中，模型 ET_O
的大小相似，在中国西部正距平不超过 6%，在中国东部大部分地区
正距平在 6% 至 10% 之间。可以看出，21 世纪中期中国平均 ET_O 距
平在 RCP2.6 和 RCP6.0 情景下相似，均值约为 7%，但在 RCP8.5 情

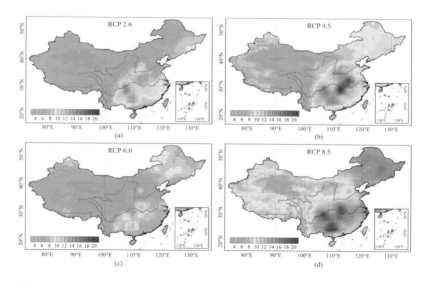

**图 2–13　2041～2070 年中国相对于基准期（1981～2010 年）的潜在蒸散距平百分率
空间分布**

景下偏高，均值为 11.24%。还需要注意的是，ET_O 的距平范围并不比 P 和 AI 的距平范围大很多，并且所有的值都是正的。ET_O 的预估结果表明未来中国东部，尤其是南方地区的大气水分需求可能明显增加，倾向于降低环境的湿润程度。

一般情况下，负 AI 距平表示湿度增加，正的 AI 异常表示严重干旱。图 2–14 显示了 2041～2070 年 AI 相对于 1981～2010 年的百分比变化空间格局。四个 RCP 情景下的 AI 大尺度分布格局基本相似。在中国大部分地区，AI 距平都是正的，在 RCP4.5、RCP6.0 和 RCP8.5 情景下分别增长了 63.57%、74.26% 和 61.37%。AI 的正变化表明，除 AI 的负变化和正变化几乎是平衡的 RCP2.6 情景外，中国大部分地区的 RCPs 都呈干燥趋势。在中国西部大部分地区，P 的增

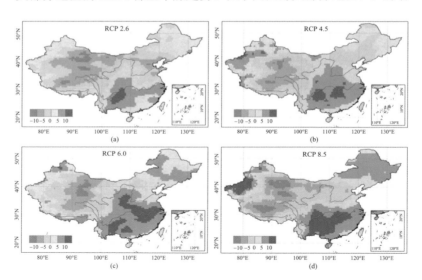

图 2–14　2041～2070 年中国相对于基准期（1981～2010 年）的干湿指数距平百分率空间分布

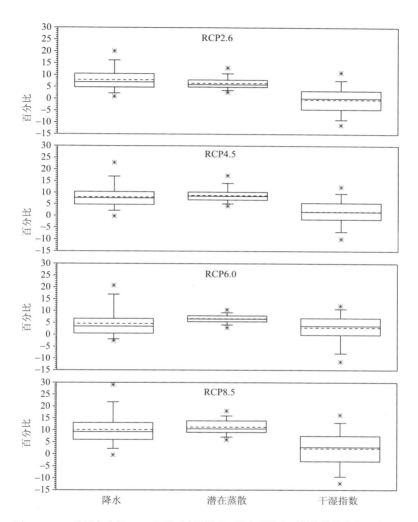

图 2-15　21 世纪中叶各 RCP 情景下中国降水、潜在蒸散和干湿指数的变化百分比预测值

注：预测变化的中位数和平均值在框内分别以实线和虚线显示；方框显示了 25％至 75％的范围，上下延伸线分别延伸到 5％和 95％。上下星号分别代表第 1 和第 99 个百分位。

加可能会超过 ET_O 的增加，导致 AI 下降，从而减弱干旱增加的影响。这一趋势的例外是中国西北部，预计那里的 AI 可能会增加。与此同时，中国东部大部分地区的 AI 预计将增长约 10%。总体而言，除在RCP2.6 下有微小的负距平外，21 世纪中期中国 AI 的变化距平整体较小（3%）（图 2–15）。

（二）高排放情景下的距平区域差异

RCP8.5 情景下，不同气候模式模拟的 ET_O、P 和 AI 相对 1981～2010 年的大部分变化都表现为增加，并且远期（2070～2099 年）比中期（2040～2069 年）增加幅度更大，但是变化存在区域差异（表 2–4）。不同模式的要素变化存在一定差异。其中，IPSL-CM5A-LR 模拟的 AI 变化最为明显，相对基准期的增幅最大，几乎除了西藏和东北西部的 AI 呈降低以外，其他所有地区 AI 都为增加，远期增幅基本都超过 20%；HadGEM2-ES 模拟的 AI 增加最不明显，仅体现在东南沿海和新疆西部，而大部分北方地区都呈明显的降低，并且降幅超过 10%。由于 IPSL-CM5A-LR 和 HadGEM2-ES 模拟的 ET_O 变化情况较为相似，它们 AI 变化的原因主要在于 P 的变化。相对基准时段，IPSL-CM5A-LR 模拟的 P 变化在新疆和长江以南均为负值，因而整体 P 增加最少，导致 AI 升高最多；HadGEM2-ES 模拟的 P 变化基本全国皆为正值，尤其远期大多数地区增加 30% 以上，因而整体 P 增加最多，使得 AI 变化最小。对于 ET_O 和 P，远期的模式差异都比中期更大，且远期 P 的模式差异比 ET_O 更大。

表 2–4　RCP8.5 情景下中国未来中远期各气候模式的潜在蒸散、降水和干湿指数的距平百分率（%）

变量	潜在蒸散		降水		干湿指数	
时期	中期	远期	中期	远期	中期	远期
NorESM1-M	10.40	18.36	8.21	14.52	2.27	4.24
MIROC-ESM-CHEM	14.86	22.79	11.06	20.49	4.76	4.19
IPSL-CM5A-LR	11.33	20.70	7.47	7.38	5.09	17.03
HadGEM2-ES	11.55	20.78	12.89	23.06	0.02	0.47
GFDL-ESM2M	6.86	12.88	9.09	11.04	−0.57	3.74
多模式均值	11.00	19.10	9.74	15.30	2.31	5.93

从多模式平均的结果来看（表 2–5），ET_O 基本全国都增加，尤其东部地区增加更为明显，东北和秦岭—淮河以南中期增加 10%～20%，远期增加 20%以上。P 同 ET_O 一样基本全国都增加，但空间格局差别很大。北方尤其是青藏高原地区的 P 和 ET_O 均增加较多，远期增加 30%以上。南方地区的 P 和 ET_O 则增加较少，通常在 10%以下。AI 变化的空间分布以东南部上升、西北部下降为主。AI 可能在长江中下游和新疆西部上升最多，远期上升幅度可达到 20%；西北的下降幅度在中期和远期都可能超过 10%；华北和东北可能多在–10%～10%之间变化；东北东部地区则可能在远期升高 10%以上。ET_O 增加超过 P 增加是大部分地区 AI 增加的原因，因此 RCP8.5 情景下的未来干旱化趋势可能更多来自于升温作用的影响。

表 2–5　RCP8.5 情景下中国未来中远期各省的潜在蒸散、降水和干湿
指数的距平百分率（%）

变量	潜在蒸散		降水		干湿指数	
时期	中期	远期	中期	远期	中期	远期
安徽	13.42	24.82	6.53	6.30	7.61	19.78
北京	10.73	18.21	11.38	19.91	−0.98	−0.47
福建	11.82	20.98	6.39	5.23	5.90	16.40
甘肃	8.49	14.58	13.78	22.80	−3.44	−4.95
广东	11.64	19.53	6.00	7.09	5.21	13.06
广西	15.23	24.38	4.01	6.51	10.01	17.20
贵州	15.46	25.29	2.56	6.71	13.06	19.46
海南	7.70	12.86	3.60	4.67	4.90	10.08
河北	10.68	18.08	11.41	19.36	−0.73	0.42
河南	12.34	20.57	10.94	15.85	3.09	7.32
黑龙江	14.62	25.38	8.13	15.49	6.68	9.98
湖北	15.44	25.87	6.21	9.41	10.02	18.00
湖南	15.10	26.66	3.96	5.58	10.65	21.97
吉林	14.80	25.29	8.15	15.12	7.17	10.83
江苏	13.61	24.96	7.59	6.56	7.01	19.77
江西	14.03	25.82	5.04	4.14	8.84	22.19
辽宁	13.86	23.80	10.70	18.6	2.70	5.16
内蒙古	11.58	19.70	10.17	18.59	2.18	2.94
宁夏	8.37	14.39	13.57	23.07	−3.25	−5.69
青海	8.23	14.77	15.66	26.43	−5.52	−7.15
山东	11.72	20.70	10.20	14.29	0.98	8.30
山西	9.27	15.97	12.20	19.74	−1.44	−1.37
陕西	10.08	17.29	9.54	15.13	2.28	3.20
上海	15.29	26.80	6.16	5.69	9.45	20.44

变量	潜在蒸散		降水		干湿指数	
时期	中期	远期	中期	远期	中期	远期
四川	10.68	18.32	5.01	11.93	6.30	6.91
台湾	7.87	13.05	5.62	7.45	2.26	6.13
天津	11.16	18.82	11.35	18.17	−1.51	1.63
西藏	9.39	16.88	15.74	24.41	−4.06	−3.56
新疆	9.38	16.71	9.30	10.97	1.92	9.03
云南	9.63	15.88	3.70	7.51	6.20	8.77
浙江	13.57	24.38	5.06	3.55	8.25	20.01
重庆	15.52	25.79	4.66	9.09	11.54	17.14

三、高排放情景下的干旱事件特征变化

在对反映长期气候状态的干湿状况进行变化特征分析后，接下来对表征暂时性气候偏干的极端干旱事件展开特征变化趋势分析。通过本章第一节的算法，计算 RCP8.5 情景下各模式的 12 月尺度 SPEI，以 SPEI12 低于−0.50 表示干旱，识别 21 世纪中期（2040～2069 年）和远期（2070～2099 年）的干旱事件，继而分别统计期间的干旱频次、持续时间和强度（干旱期间 SPEI12 小于−0.50 部分的平均值）。将这三大干旱特征分别进行多模式平均后，分别计算相对于基准期（1981～2010 年）的距平百分率。为了避免在一些基准期干旱特征为 0 的区域计算的距平百分率无穷大，在这些区域计算距平百分率时，以全国除 0 外的最低值为分母。计算出所有格点的中远期各干旱特征距平百分率后，统计各气候区及全国的各距平百分率值的区域面积占比。

（一）全国整体变化状况

从全国整体情况来看，干旱的频次、持续时间和强度在 RCP8.5 情景下的中远期均以增长为主，且远期的距平百分率高于中期的距平百分率（图 2–16～图 2–18）。在中期，干旱频次的增加比持续时间和强度的增加明显，全国平均值比基准期增加 43.51%，而后两者的全国平均值则分别增加 6.82% 和 12.35%。到了远期，则干旱持续时间的增加最强，干旱频次的增加反而最少，甚至不如中期干旱频次的增加值。这是因为有些在中期持续时间较短的干旱事件到了远期因持续时间的延长而彼此在时间维度上相互连接，导致干旱的短期独立事件减少，形成了更多的长期干旱事件。所以虽然远期干旱频次比中期干旱频次少，但干旱事件的严重性可能增加。

从全国均值来看，远期干旱持续时间将比基准期高 108.18%，而干旱频次和干旱强度分别比基准期高 41.15% 和 49.71%。不论是在中期还是远期，均有部分区域的干旱频次、持续时间或强度比基准期高三倍以上，即距平百分率≥300%，主要分布在西北干旱区。这有两方面的原因，一是因为 SPEI 识别的干旱事件具有相对性，而西部干旱区有大面积地区的区域环境是长期干旱的，因此基准期期间相对于背景环境更为干旱的短期事件很少，依据 SPEI 就几乎识别不出干旱事件（距平百分率的分母几乎为 0），导致未来只要发生一些干旱事件，就比基准期的干旱特征高很多的倍数；二是因为西北干旱区的西部地区在 RCP8.5 情景下可能产生 P 减少、ET_0 增加的变化（图 2–12（d），图 2–13（d）），使 AI 相比于基准期大幅增加（图 2–14（d）），进而促使干旱事件的频次、持续时间和强度增加。因此，西北地区可能因其本身的干燥背景而较少发生干旱事件，但若在未来因气候变化而发生干旱事件，则可能面临前所未有的挑战。

对于干旱频次来说，距平百分率超过 300% 的全国面积占比在中、远期分别为 7.33% 和 5.16%；干旱持续时间的中、远期相应值分别为 2.44% 和 12.72%；干旱强度的中、远期相应值则分别为 2.80% 和 6.20%。干旱持续时间和干旱强度的远期高距平（≥300%）区域面积都比中期大，但远期的干旱频次高距平区域面积比中期小，和数量较多的短期干旱事件因持续时间延长而相互拼接为数量较少的长期干旱事件有关。这可能导致干旱事件之间的恢复期在远期缩减，是干旱事件应对与管理应考虑的困难因素。

（二）变化的区域差异

干旱特征的距平百分率有明显的区域差异，但不论是中期还是远期，大部分气候区的干旱特征相对于基准期的变化都以增加为主，只有青藏高原的中期干旱持续时间和中期干旱强度相对于基准期发生了以减少为主的变化（图 2–17、图 2–18）。在中期，青藏高原有 60.73% 面积的干旱持续时间短于基准期，平均距平百分率为–27.68%±14.79%；有 66.61% 面积的干旱强度弱于基准期，平均距平百分率为–30.80%±17.32%。到了远期，虽然青藏高原的干旱持续时间和强度均比中期发生了增加，但仍分别有 36.67% 和 39.89% 面积的干旱持续时间和干旱强度低于基准期水平。

在其他气候区中，中远期的干旱特征均以正距平为主，干旱特征正距平面积占比超过 90% 的状况有很多。寒温带湿润区中，中期干旱频次、持续时间和强度的正距平面积占比均不达 90%。干旱强度的正、负距平面积占比甚至相差不大，分别为 45.32% 和 54.68%。到了远期，寒温带湿润区分别有 95.52% 和 94.69% 面积的干旱频次和干旱持续距平为正，干旱强度的正距平面积占比也增至 84.93%。暖温带湿润半湿润区中，中、远期的干旱强度正距平面积占比分别高达 96.82%和 99.04%。几乎整个区域的干旱强度相对于基准期发生增加，且中、远期的干旱频次正距平面积占比分别高达 76.81%和 81.96%；中、远期的干旱持续时间正距平面积占比也分别高达 78.10%和 96.29%。北亚热带湿润区中，中期分别有 97.31%、86.62%和 91.56%面积的干旱频次、持续时间和强度距平为正，远期则分别变为 90.54%、98.22%和 94.69%。北方半干旱区中，中期分别有 96.16%、85.56%和 97.79%面积的干旱频次、持续时间和强度距平为正，远期则分别变为 97.74%、98.64%和 100%。西北干旱区的中、远期也分别有 98.92%和 99.78%面积的干旱频次距平为正。此外，还有中亚热带湿润区和南亚热带湿润区的远期干旱强度分别在 94.26%和 92.48%面积的距平为正。

中远期干旱特征的负距平面积占比较少，主要分布在青藏高原，部分散布在东北地区东部边缘和西南地区西部边缘。此外，干旱频次的负距平还散布在华北地区南部和东南地区沿海，干旱持续时间和干旱强度的负距平还分布在西北地区中、北部以及秦岭地区。不论是在哪个气候区，远期干旱持续时间和干旱强度的负距平面积均小于中期。随着气候条件的变化，全国干旱持续时间和干旱强度的负距平面积占比分别从中期的 28.48%和 29.20%减少到远期的 13.50%和 15.40%。从正距平的区域分布规律来看，三个干旱特征的分布在相思中存在差异，西北、内蒙古和西南等地区是三个干旱特征共享的正距平高值区。干旱频次的高值区还包括东北中部和长江三角洲。干旱持续时间和干旱强度的高值区则还包括东北地区东南部、环渤海地区及长江中下游地区。这些未来干旱的正距平高值区可能是未来应对干旱工作的重点区域,且区域间干旱特征变化的差异要求决策制定者或实施者因地制宜地采取不同的管理和应对措施。

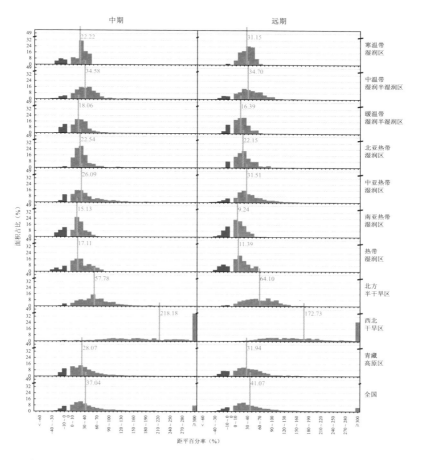

图 2-16　RCP8.5 情景下 2040~2069 年(左列)和 2070~2099 年(右列)中国各气候区干旱频次相对基准期(1981~2010 年)的距平百分率

注:深色柱为负距平百分率,浅色柱为正距平百分率,竖线及其旁边数字代表各区域的中位数。

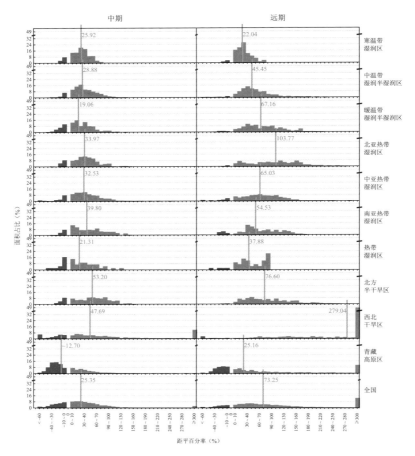

图 2–17　RCP8.5 情景下 2040～2069 年（左列）和 2070～2099 年（右列）中国
各气候区干旱持续时间相对基准期（1981～2010 年）的距平百分率

注：深色柱为负距平百分率，浅色柱为正距平百分率，竖线及其旁边数字代表各区域
的中位数。

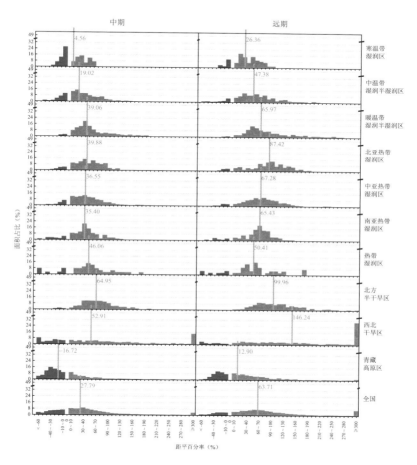

图 2-18　RCP8.5 情景下 2040～2069 年（左列）和 2070～2099 年（右列）中国各气候区干旱强度相对基准期（1981～2010 年）的距平百分率

注：深色柱为负距平百分率，浅色柱为正距平百分率，竖线及其旁边数字代表各区域的中位数。

第三章　中国干湿格局演变与未来情景

　　已有的气候变化对陆表各自然要素及其相互之间的影响和过程等产生了显著影响，进而可以使陆表自然地域系统的分布格局发生改变。在全球气候变化背景下，地域系统动态的研究成为地理学研究的前沿热点问题。体现大尺度区域差异的气候区是气候要素综合作用的结果，能够同时反映区域水热耦合状况，并与区域特定植被类型密切相关。研究陆表地域单元的变动趋势，揭示陆表干湿格局对气候变化响应的过程和区域分异特征，预估未来陆表干湿格局的可能发展趋势，可为制定应对气候变化策略提供科学依据。本章以发生显著气候变化的 20 世纪近 50 年器测时期，以及气候变化可能加剧的 21 世纪百年为预测期，通过主要水分指标——干湿指数判断了中国的干湿区分布，并从区域转变趋势、面积占比变化和界线变动速率等角度，对具有代表性的干湿区分布格局变化特征进行定量分析。

第一节 过去50年干湿格局演变特征

一、干湿气候区面积变化

（一）干湿气候区划分

本章基于第二章计算获取的年干湿指数（AI）数据，依据中国生态地理区域系统中的干湿气候区划分标准划分中国的干湿气候区（表3-1）（郑度，2008）。

表3-1 中国干湿气候区划分的年干湿指数

干湿气候区	年干湿指数	自然潜在植被
湿润区	≤1.00	森林
半湿润区	1.00～1.50	森林草原（草甸）
半干旱区	1.50～4.00	草原（草甸草原）
	1.50～5.00（青藏高原）	（荒漠草原）
干旱区	≥4.00	荒漠
	≥5.00（青藏高原）	

（二）全国整体变化

离岸距离决定着区域的水汽状况，所以干湿气候区的分布整体由东南向西北梯度分布，依次为湿润区、半湿润区、半干旱区和干旱区。青藏高原南部的喜马拉雅山脉南坡有印度洋水汽输送，

因此湿润程度也较高。1960～2011 年间，中国半干旱区面积以年均
0.116%的速度显著增加（图 3–1）。湿润和半湿润区面积均略有增加，
而干旱区面积则以每年 0.129%的速度显著下降（$p<0.001$）。通过
计算年 AI 的年代际平均值，得到中国近几十年干湿气候区的面积
百分比（表 3–2）。统计 t 检验结果表明，与 20 世纪 60 年代相比，
20 世纪 90 年代和 21 世纪初的半干旱区面积有显著（$p<0.05$）不
同，同时干旱地区的面积也显著不同。相比于 20 世纪 60 年代，21
世纪初的半干旱区面积扩大了约 33.53%，干旱区面积减少了
20.75%，说明近 50 年来中国半干旱区面积是随着干旱区面积的缩
小而扩大。

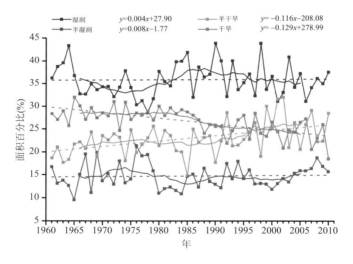

图 3–1　1961～2010 年中国干湿气候区的面积百分比变化

表3–2　各年代的中国干湿气候区面积占比及相对于20世纪60年代的面积变化百分比

年代	湿润区		半湿润区		半干旱区		干旱区	
	面积	变化	面积	变化	面积	变化	面积	变化
1960s	34.97	—	14.71	—	20.64	—	29.68	—
1970s	31.59	−9.67*	17.06	15.98	21.76	5.43	29.59	−0.30
1980s	36.80	5.23	13.39	−8.97	20.99	1.70	28.82	−2.90
1990s	36.35	3.95	12.22	−16.93	25.38	22.97*	26.05	−12.23*
2000s	33.78	−3.40	15.15	2.99	27.56	33.53*	23.52	−20.75*

注：*代表通过了显著 t 检验（$p < 0.05$）

（三）各区域变化状况

中国近50年干湿气候区的年代际变化空间差异明显。青藏高原、西北地区和华北地区在20世纪60年代至21世纪初半干旱区增加最多。与此同时，青藏高原和西北地区的干旱区、华北地区的半湿润区和东北地区的湿润区均有明显下降。为了更好地说明区域差异，本研究将结果按中国的东北、内蒙古、西北、华北、华南和青藏高原六个区域进行说明。

总的来说，东北地区的干湿气候区空间格局在年代际间尺度上有明显变化。20世纪60年代，湿润地区占东北地区的34.77%，但是到20世纪70年代，它已大幅缩水至约19.19%，而与此同时，半湿润地区从44.46扩大到58.98%。在20世纪80年代和20世纪90年代，湿润区又分别扩大到46.56%和41.90%，干湿气候区的空间格局非常相似。在21世纪初，湿润区再次缩小到东北地区的20.69%，其覆盖面积与20世纪70年代所占的面积相似。半干旱地区在20世纪 90 年代之前仅发生了少许变化，但此后强劲增长，从 20 世纪 90 年代的 18.33％增长到 21 世纪初的 25.07％。

在西北地区，半干旱地区的面积从 20 世纪 60 年代占西北地区面积的 10.96％连续增长到 21 世纪初的 21.80％，而干旱地区的面积在同一时期从 88.79％缩小到 76.98％。干湿气候区的变化主要局限于北部地区。相应地，AI 的年代际距平，以及控制 AI 的要素 ET_O 和 P 的年代际距平变化解释了西北地区半干旱区的持续扩张。具体而言，从 20 世纪 80 年代开始，AI 距平呈负值，主要是因为 P 增加而 ET_O 减小。然而，尽管年 AI 呈显著下降趋势（环境趋湿），但西北地区大部分地区的原始特征并没有根本改变，因为其主要特征仍然是干旱环境和脆弱的生态环境。

在过去的五十年中，华北地区的半湿润区明显收缩，而半干旱区却有所扩张。在 20 世纪 80 年代，湿润区也通过取代部分半湿润区而发生扩张。湿润区的面积从 20 世纪 80 年代的 20.82％下降到 20 世纪 90 年代的 8.82％，而同时半湿润区和半干旱区的面积分别增加了 3.16％和 8.88％。值得一提的是，有一片飞地的半湿润区变成了半干旱区。到 21 世纪初，半湿润区的面积降到了华北地区的 34.98％，是近 50 年来的最小值。

在青藏高原中，从 20 世纪 60 年代到 21 世纪初，湿润区和半湿润区的面积仅略有变化，而半干旱地区的面积显著增加，干旱地区相应减少。在不同的干湿气候区中，干旱区占了前三十年来青藏高原总面积的最高百分比。但是到了 20 世纪 90 年代，它从青藏高原的近 41％大幅缩水到约 34％，这与半干旱区所占的面积相似。在 21 世纪初之前，干旱区主要分布于北部和西部部分地区，但从 20 世纪 90 年代到 21 世纪初，其面积减少了 9.77％，损失最多的地区是西部。

然而，半干旱区增加了 6.72％，并向青藏高原的西部延伸。20 世纪 60 年代与 21 世纪初的比较表明，半干旱和干旱地区的面积分别变化了 13.24％和 16.45％。

二、干湿气候区的转变

如果格点的 20 世纪 70 年代、20 世纪 80 年代、20 世纪 90 年代或 21 世纪初的干湿气候区类型与其 20 世纪 60 年代的类型不一致，则认为该网格单元的干湿气候区发生了转变。整体上，中国有 24.14％的地区至少发生了一次干湿气候区转变，大部分发生在北方地区。根据本研究的地理分区，东北地区发生了最大面积占比的干湿气候区转变，其转变范围占该区域面积的 47.96％；其次是华北，有 47.80％的区域发生了干湿气候区转变。青藏高原有 31.8％的区域发生了转变，主要集中在中西部地区，而西北地区有 14.66％的区域发生了转变，主要集中在北部地区。内蒙古和华南有相对较小的区域发生了转变，分别占 8.88％和 6.26％。20 世纪 70 年代、20 世纪 80 年代、20 世纪 90 年代和 21 世纪初相对于 20 世纪 60 年代发生的转变，分别占全国总面积的 8.33％、5.27％、4.84％和 5.69％。此外，从中国近 50 年各干湿气候区的面积变化过程可以看出（表 3–2），湿润和半湿润区的变化复杂，边界来回移动，而半干旱区域明显扩张最多。

三、半干旱区的扩张区域

为了确认和阐明中国半干旱地区的扩大，采用曼-肯德尔（Mann-Kendall）方法检验 1961～2010 年干湿气候区面积的年际突变。结果发现半干旱区的变化点大约在 1985～1986 年间（$p < 0.05$）。

此外，经统计 t 检验，半干旱区的年平均面积在 1985～1986 年前后也有显著差异（表 3-3）。1986～2010 年的半干旱区面积比 1961～1985 年的 20.81％增长了 25.13％。与此同时，半湿润区和干旱区面积分别减少 10.02％和 16.05％。

  在此时间划分的基础上，本书又分析了中国不同干湿气候区在两个 25 年之间的转变。图 3-2 显示了半干旱区的所有转变，即半干旱区与其他干湿气候区类型之间的转变。一方面，从干旱区和半湿润区转变为半干旱区的面积分别占中国的 4.82％和 1.34％。另一方面，从半干旱区转变为干旱区和半湿润区的面积分别占中国的 0.05％和 0.88％。因此，两期之间半干旱区的净面积变化为中国面积的 5.23％。半干旱区的扩张主要发生在青藏高原、西北和华北地区，扩张面积分别占对应地理区面积的 11.14％、10.70％和 9.71％。在华北地区，半干旱区的扩张主要发生在黄土高原以南的半湿润地区。在青藏高原，西部的半干旱区向着北方的干旱区方向扩张，而西北部的半干旱区则沿盆地向干旱地区扩张。因而总的来说，半干旱区的扩张主要来自于中国西部地区（即内蒙古、西北地区、青藏高原）干旱区的转变，以及东部地区（东北地区和华北地区）半湿润区的转变。除此之外，还在每个网格上进行统计 t 检验，以检验两个 25 年期间的年 AI 均值是否在 5% 显著水平上存在差异。结果表明，在半干旱区的扩张区域中，约 76.3％面积的区域发生了 AI 的显著变化，且大部分是分布在西部的由干旱区转变为半干旱区的区域。这可能意味着从 1961～1985 年至 1986～2010 年中国半干旱区的扩大最为显著。

表3–3 中国1961～1985年和1986～2010年干湿气候区面积占比变化
及相对于1961～1985年的面积变化百分比

年代	湿润区		半湿润区		半干旱区		干旱区	
	面积	变化	面积	变化	面积	变化	面积	变化
1961～1985	33.94	—	15.47	—	20.81	—	29.79	—
1986～2010	35.02	3.18	13.92	−10.02	26.04	25.13	25.01	−16.05

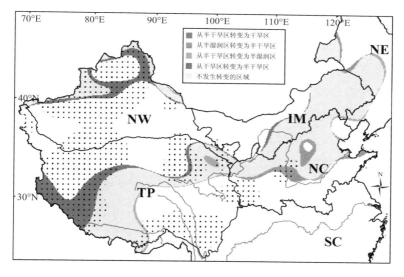

图3–2 1986～2010年中国局部半干旱区相对于1961～1985年变化
和不变的空间分布

注：黑点分布区表示两个时期的年AI值 t 检验显著（$p<0.05$）；NE表示东北；
IM表示内蒙古；NW表示西北；NC表示华北；SC表示华南；
TP表示青藏高原

四、ET_0 和 P 对半干旱区扩张的作用

为了进一步量化气候因素对半干旱区扩大的贡献，本节在去除 ET_0 和 P 本身的趋势后量化了它们各自对 AI 的贡献（图 3–3）。近 50 年来，在西北地区扩张的半干旱区中，ET_0 主要呈下降趋势，大部分格点的变化速率在–4～–1 毫米/年；P 呈逐年递增趋势，变化范围为 1～2 毫米/年。ET_0 和 P 的相反趋势对 AI 趋势的方向具有一致的影响。在研究初期，原始的 AI 和利用趋势 ET_0（P）重新计算的 AI 之间存在很细微的差异。在 20 世纪 60 年代重新计算的 AI 相对于原始 AI 的变化率为–1.25％（–3.50％）。随着时间的推移，它变得更大，在 21 世纪初达到了–13.39％（–38.05％）。平均而言，由于 ET_0 的显著减少（–2.11 毫米/年，$p<0.05$）和 P 的显著增加（1.27 毫米/年，$p<0.05$），分别使西北半干旱扩张区的 AI 下降了 7.29％和 20.72％（图 3–3（c））。

青藏高原的半干旱区扩张区域经历了和西北地区的半干旱区扩张区域类似的变化。ET_0 和 P 的变化趋势分别在–2～1 毫米/年和 1～5 毫米/年。过去 50 年里，原始的 AI 和重新计算的 AI 之间的差异逐渐增大。从 20 世纪 60 年代到 21 世纪初，去趋势 ET_0 计算的 AI 相对于原始 AI 的变化率在–6.06％到–0.59％之间，而去趋势 P 的 AI 变化率则在–140.91％到–10.64％之间。整体而言，ET_0 的减少（–1.02 毫米/年）和 P 的显著增加（3.02 毫米/年，$p<0.05$）分别使 AI 平均下降了 3.24％和 71.61％（图 3–3（e））。这说明在西北地区和青藏高原由干旱向半干旱的转变反映了 ET_0 的减少趋势和 P 的增加趋势的综合影响，而 P 的增加趋势则是半干旱区扩张的重要因素。

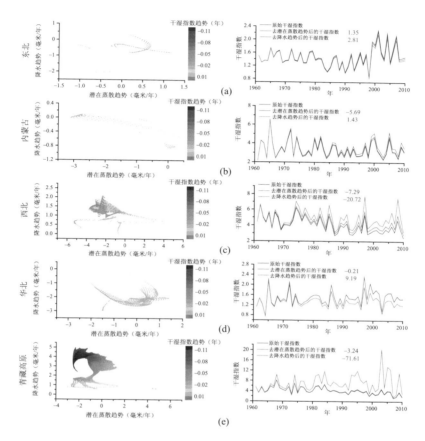

图3-3　1961~2010年中国不同地理区域的半干旱区潜在蒸散、降水和干湿指数的线性趋势（左列），以及原始干湿指数和用去趋势潜在蒸散或降水重新计算的干湿指数（右列）的比较

注：右列蓝色的数字表示去趋势潜在蒸散计算的干湿指数相对于原始干湿指数的变化率，绿色的数字表示去趋势降水计算的干湿指数相对于原始干湿指数的变化率。

　　在内蒙古和华南的半干旱区扩张区域大部分格点的 ET_O 和 P 表现为下降趋势。在内蒙古和华南地区，ET_O 的趋势范围分别为 $-3\sim 0$

毫米/年和$-2\sim1$毫米/年，P的趋势范围则分别为$-0.5\sim0$毫米/年和$3\sim0$毫米/年。相应的，在内蒙古中，半干旱区扩张区域的大部分格点的 AI 值减小，而在华南地区中，相应区域内大部分格点的 AI 值增大。总体上，ET_0的显著降低（1.88 毫米/年，$p<0.05$）导致内蒙古半干旱区扩张区域的 AI 平均下降 5.69%（图 3–3（b））。而 P的显著下降（2.13 毫米/年，$p<0.05$）的结果使得华南半干旱区扩张区域的 AI 平均增加 9.19%（图 3–3（d））。在东北半干旱区扩张区域内，ET_0的增加和 P的减少的联合影响虽不显著，但导致 AI 略有增加（图 3–3（a））。

第二节 未来百年气候变化对干湿格局的影响

一、高排放情景下的干湿区面积变化

RCP 情景下，21 世纪中国干湿区的分布变化不似温度带那般明显。以最高排放情景 RCP8.5 情景为例，对 1981～2099 年的中国干湿区进行逐年划分，计算各干湿区的面积占比距平（图 3–4）。湿润区和干旱区面积距平的模式间差异较大（图 3–4（a）、图 3–4（d）），半湿润区和半干旱区面积距平的模式间差异较小（图 3–4（b）、图 3–4（c））。从多模式均值来看，2011～2099 年期间，湿润区的面积占比以-0.30%/十年的速率显著（$p<0.01$）下降，半湿润区和半干旱区的面积占比则分别以 0.17%/十年和 0.11%/十年的速率显著（$p<0.05$）上升，干旱区的面积占比则没有显著变化。到了远期（2071～2099年），湿润区、半湿润区、半干旱区和干旱区的面积占比将分别比基

准期变化–2.34%、2.75%、1.24%和–1.65%。

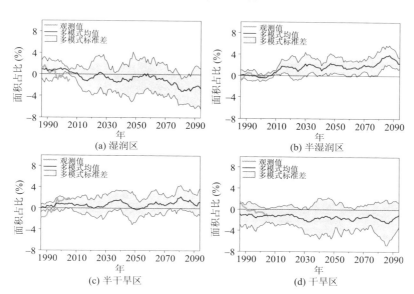

图 3–4　RCP8.5 情景下中国干湿区面积比例距平（相对于 1981 ~ 2010 年）

相对基准时段，湿润区和干旱区都可能出现收缩，二者面积在 2040～2069 年分别减少了 5.93%和 1.95%。湿润区收缩尤其明显，其面积在 2070～2099 年减少了 12.61%（表 3–4）。与之相反，半湿润区和半干旱区未来将会发生扩张。它们的中期面积相对基准期分别增加了 16.28%和 1.38%，特别是半湿润区的远期变化达到了它基准面积的 28.69%。可见，干旱区面积虽然在中期以下降为主，但至远期有所回升，对湿润区和半湿润区面积来说，其在远期的变化幅度则远大于中期。

不同气候模式之间的中国干湿区分布具有一定的相似性。其中，干旱区主要分布在西北，这里大部分地区未来可能由明显增加的降水引起干湿指数的显著下降。因此，未来干旱区的收缩主要来自西北地区，尤其是西藏西北部干旱面积的减少促使干旱区南界向北移动。另一方面，新疆北部的部分半干旱区有可能被干旱区代替，这使得干旱区整体上也倾向于北移。半干旱区和半湿润区的界线则在青藏高原东部向北移动，同时在东北地区和华北平原东部向东南方向移动。随着内蒙古半干旱区的东移，东北地区的半干旱范围呈现扩增。

东部大多数地区未来可能由潜在蒸散增加导致干湿指数显著上升，因而东北和南方地区的湿润面积与基准期分布相比将会缩减。整体上，湿润区可能向南移动。该移动主要表现在淮河流域。这里的湿润区范围退缩明显，取而代之的是半湿润区，半湿润区和湿润区的界线将会更加偏南。此外，在东北地区的大兴安岭、小兴安岭和长白山等地以及西南部分地区，湿润区也将转变为半湿润区。各气候模式对湿润、半湿润面积的未来增减变化模拟较为一致，对半干旱、干旱面积变化的模拟结果则存在差异，其中 NorESM1-M、MIROC-ESM-CHEM 和 GFDL-ESM2M 显示相对基准期半干旱区以缩减为主、干旱区以增加为主，其余两个模式则相反（表 3–4）。

表 3–4　RCP8.5 情景下中国干湿区的面积及其相对基准时段的变化百分比
（2040～2069 年，2070～2099 年）

大气环流模式	时段	湿润区		半湿润区		半干旱区		干旱区	
		面积	变化	面积	变化	面积	变化	面积	变化
NorESM1-M	1981～2010	35.76	—	13.94	—	24.61	—	25.69	—
	2040～2069	32.78	−8.33	15.27	9.54	26.65	8.29	25.29	−1.56
	2070～2099	31.47	−12.00	16.26	16.64	26.04	5.81	26.23	2.10

续表

大气环流模式	时段	湿润区		半湿润区		半干旱区		干旱区	
		面积	变化	面积	变化	面积	变化	面积	变化
MIROC-ESM-CHEM	2040～2069	32.13	−10.15	16.24	16.50	27.62	12.23	24.01	−6.54
	2070～2099	32.75	−8.42	17.02	22.09	26.80	8.90	23.43	−8.80
IPSL-CM5A-LR	2040～2069	35.37	−1.09	16.35	17.29	22.33	−9.26	25.95	1.01
	2070～2099	30.18	−15.60	18.87	35.37	23.14	−5.97	27.81	8.25
HadGEM2-ES	2040～2069	34.45	−3.66	17.15	23.03	21.67	−11.95	26.74	4.09
	2070～2099	33.97	−5.01	18.71	34.22	21.54	−12.47	25.78	0.35
GFDL-ESM2M	2040～2069	34.15	−4.50	17.14	22.96	26.15	6.26	22.56	−12.18
	2070～2099	30.26	−15.38	20.03	43.69	26.13	6.18	23.57	−8.25
多模式均值	2040～2069	33.64	−5.93	16.21	16.28	24.95	1.38	25.19	−1.95
	2070～2099	31.25	−12.61	17.94	28.69	24.98	1.50	25.83	0.54

二、干湿区转变对升温的敏感性

利用 2011～2099 年的 11 年滑动平均 AI，计算 RCP8.5 情景下未来干湿类型与基准期相比发生转变的面积比例，图 3–5（a）是对转变面积和温度距平进行拟合的二次曲线。图 3–5（b）是相应的变化速率，表征干湿区转变对增温的敏感性。可以看出，各模式拟合的转变面积均随温度距平增加而上升，其中 GFDL-ESM2M 以 2 摄氏度左右为界，表现出明显的先下降后上升。多模式平均的结果显示，在共同的温度距平范围，即 1.14～3.87 摄氏度之间，拟合转变面积占全国陆地面积的比例由 10.24±1.89% 增加至 14.19±3.30%。

除了 GFDL-ESM2M 的变化速率由负变正，其他模式的转变速率始终表现为正值。其中，MIROC-ESM-CHEM 和 IPSL-CM5A-LR 的转变速率随温度升高而逐渐变慢，说明干湿区转变对增温的敏感性有所减弱；NorESM1-M 和 HadGEM2-ES 的转变速率随温度升高而逐渐加快，说明干湿区转变对增温的敏感性呈现增强。就多模式平均而言，增温幅度越大，干湿区转变的敏感性越高。整体上，转变速率的范围从 0.73（±1.34）%/摄氏度增加至 2.16（±2.16）%/摄氏度，平均每升温 1 摄氏度，干湿区转变面积增加 1.44%。干湿区转变对增温的高敏感性从一个独特的角度展现了升温对下垫面影响的复杂性，而其中系列过程导致的复杂影响可能在各干湿区之间的过渡区域更为严重。

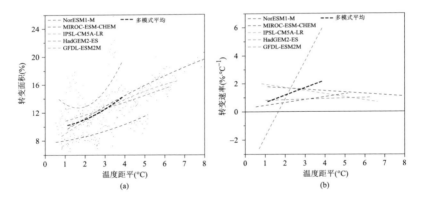

图 3-5　RCP8.5 情景下中国干湿区相对基准时段的转变面积与速率

注：(a)中的散点表示随温度变化的转变面积，虚线是二次拟合曲线。

三、不同温升下的干湿区转变面积

选择相对于基准期（1981～2010 年）升温 2 摄氏度和 4 摄氏度的时间点，从多模式平均结果来看（表 3–5），升温 2 摄氏度和 4 摄氏度时，湿润区以收缩为主，将分别收缩 9.95% 和 13.03%；半湿润区的相对变化最明显，将分别扩张 33.15% 和 50.29%；半干旱区扩张和收缩兼具，以扩张为主，将分别扩张 13.49% 和 16.65%，分别收缩 9.26% 和 14.13%；干旱区的变化面积较小。由此可见，从升温 2 摄氏度到升温 4 摄氏度，除了干旱区扩张面积有轻微减少之外，其他所有扩张和缩减区域的面积都呈现增加。多模式平均的全国总变化面积从 10.17% 增加至 13.72%，增幅为 3.55%。

空间上，湿润区的收缩区和半湿润区的扩张区主要分布于淮河流域和东北地区，西南的部分地区也有少许分布。半干旱的扩张区则主要见于中国东部地区半湿润—半干旱交界地带，以及西部地区干旱—半干旱交界地带。模式间差异在湿润区的收缩区和半湿润区的扩张区比较大，升温 2 摄氏度时标准差分别为 1.83% 和 2.08%，升温 4 摄氏度时标准差分别为 1.20% 和 1.10%。干旱区的面积变化模式间差异最小。

从不同模式来看，MIROC-ESM-CHEM 的湿润区收缩和半湿润区扩张的范围最广，其全国总变化面积也是模式之中最高，达到 13.29%（2 摄氏度）和 15.42%（4 摄氏度）；GFDL-ESM2M 的全国总变化面积虽然是模式之中最低，为 8.55%（2 摄氏度）和 11.78%（4 摄氏度），但从 2 摄氏度升温到 4 摄氏度后，其湿润区收缩和半湿润区扩张的范围明显增加；NorESM1-M 的全国总变化面积在 2 摄氏度到 4 摄氏度之间增幅最大，达到 4.87%，主要表现在淮河流域的湿润转变为半湿润，以及黄土高原和华北平原的半湿润转变为半干旱。由此预估，未来气候变化影响下黄淮海地区的区域水资源短缺问题可能进一步凸显，开展当地的气候变化干旱风险预估，做好水资源优化配置与推动节约集约用水等工作是解决问题的关键。

表 3–5　RCP8.5 情景下相对基准时段升温 2 摄氏度和 4 摄氏度时中国干湿
区转变的面积百分比

大气环流模式		2 摄氏度				4 摄氏度			
		湿润	半湿润	半干旱	干旱	湿润	半湿润	半干旱	干旱
NorESM1-M	扩张区	0.47	3.61	3.26	0.73	0.72	6.28	4.84	1.10
	收缩区	3.23	2.54	1.19	1.09	5.05	4.07	2.38	1.44
	总变化	8.06				12.93			
MIROC-ESM-CHEM	扩张区	0.87	8.05	4.24	0.13	1.64	8.33	4.92	0.54
	收缩区	6.61	2.84	1.68	2.17	6.15	4.06	2.64	2.57
	总变化	13.29				15.42			
IPSL-CM5A-LR	扩张区	1.59	3.75	2.25	2.55	3.17	7.00	2.63	1.61
	收缩区	2.50	2.89	3.85	0.90	2.95	3.63	5.74	2.10
	总变化	10.13				14.41			
HadGEM2-ES	扩张区	1.23	4.97	3.35	1.24	1.22	7.81	3.41	1.58
	收缩区	3.57	3.68	2.69	0.86	4.08	3.33	5.32	1.30
	总变化	10.79				14.03			
GFDL-ESM2M	扩张区	1.12	2.72	3.50	1.21	0.58	5.62	4.70	0.88
	收缩区	1.87	2.04	2.00	2.64	5.08	3.05	1.34	2.32
	总变化	8.55				11.78			
多模式均值	扩张区	1.06	4.62	3.32	1.17	1.47	7.01	4.10	1.14
	收缩区	3.56	2.80	2.28	1.53	4.66	3.63	3.48	1.94
	总变化	10.17				13.72			

统计 RCP8.5 情景下中国升温 2 摄氏度和 4 摄氏度时干湿区转变
的多模式频率，发现相比于温度带的片状转变，干湿区更多的是沿

边界发生条带状的扩张或收缩变化。发生干湿区转变的区域对应的模式越多，说明越有可能发生转变。升温 2 摄氏度或 4 摄氏度时，几乎所有（＞99%）湿润区收缩的区域都转变成了半湿润区，主要发生在东北、西南和淮河流域南部；半湿润区在东部季风区收缩的区域多（65.84%和71.94%）转变为半干旱区，在青藏区收缩的区域则多（76.71%和80.46%）转变为湿润区；半干旱区在西北地区收缩的区域多（79.73%和61.59%）转变为干旱区，在东部季风区和青藏高原区收缩的区域则多（79.59%和88.56%）转变为半湿润区；绝大部分（＞90%）干旱区收缩的区域转变为半干旱区。

第四章　黄河流域极端干旱时空特征

黄河流域是华夏文明的发祥地，也是我国当前生态资源安全和经济社会发展的重点区域。党中央、国务院对黄河流域的生态、经济、资源等问题高度重视，提出了黄河流域生态保护和高质量发展的重大国家战略。2020 年 1 月，习近平总书记主持召开中央财经委员会第六次会议，强调黄河流域必须下大气力进行大保护、大治理，走生态保护和高质量发展的路子。按照 2013 年中共中央国务院批复的《黄河流域综合规划（2012～2030 年）》，到 2030 年黄河流域水资源利用效率接近全国先进水平，流域综合管理现代化基本实现。为了积极响应总书记和国务院对黄河流域发展的重视，本书以黄河流域为研究区开展干旱特征、风险评估与防范应对研究。黄河流域的降水时空分布不均，干旱容易对当地作物造成巨大的损失，中国农业干旱灾害的主要聚集区之一就位于黄河流域。近五十多年的旱情监测分析结果表明，黄河流域的干旱在呈显著增加趋势。而伴随着城镇化、工业化进程，区域经济社会的水资源需求日益凸显，加剧了发展需求与水资源承载能力之间的矛盾。根据预估，未来气候变化将增加研究区的干旱频次和持续时间，加上区域社会经济持续发展带来的暴露度增加，使得在未来气候变下可能面临较高的人口、经济、粮食和生态等方面的风险。因此开展黄河流域干旱研究对社会经济的可持续发展具有重要意义。

第一节　黄河流域过去30年干旱时空特征

一、黄河流域概况与研究方法简述

黄河流域是中国十大流域之一，自西向东横跨青海、四川、甘肃、宁夏、内蒙古、陕西、山西、河南、山东 9 省区，流经青藏高原、内蒙古高原、黄土高原和黄淮海平原。黄河流域内地貌类型多样，不同地区气候差异显著，主要生态地理区包括青藏高原区、西北干旱区、北方半干旱区和暖温带湿润半湿润区，主要土地利用类型有草地、农用地和林地，总面积75.2万平方千米（图4-1）。其中，草地多分布在流域的上游和河套地区，农用地多分布在中下游地区，林地则多分布于中游南部。

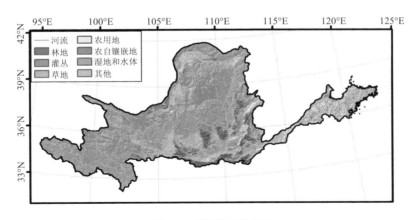

图4-1　黄河流域示意图

本章将从气象干旱的角度，辨识过去三十年干旱灾害在黄河流域的特征和影响，并预估未来干旱的可能发展状况。SPEI 是综合考虑水分供给和需求的干旱指标，可监测多尺度的干旱事件（Vicente-Serrano *et al.*, 2010）。SPEI 的常用时间尺度有 1、3、6、12、24 和 48 月尺度，分别对应月、季、半年、年、两年和四年的累积水量平衡。一般森林和灌丛生态系统对应较长时间尺度的干旱，草地和耕地则对应较短时间尺度的干旱（Li *et al.*, 2015a; Zhang *et al.*, 2017），但大部分生态系统均对 12 月尺度的干旱尺度表现出较高的脆弱性（Deng *et al.*, 2020a），因此本章选用 12 月尺度的 SPEI（SPEI12）进行计算和分析。SPEI 的算法及其基础数据来源详见第二章第一节。在获取了流域的 SPEI12 后，以 SPEI12 低于–0.50 表示干旱，并根据中华人民共和国国家标准——《气象干旱等级》（GB/T 20481–2017）中的 SPEI 干旱分级标准识别不同等级的干旱事件（表 4–1）。然后，对干旱的频次、持续时间和强度（干旱期间 SPEI12 小于–0.50 部分的平均值）等特征进行分析。

表 4–1　标准化降水蒸散指数的干旱等级划分

等级	类型	SPEI
1	无旱	(–0.5, +∞)
2	轻旱	(–1.0, –0.5]
3	中旱	(–1.5, –1.0]
4	重旱	(–2.0, –1.5]
5	特旱	(–∞, –2.0]

二、干湿状况分布与变化趋势

在分析干旱事件的时空分布特征之前，先简单分析下反映长期气候环境背景特征的干湿状况。过去三十年间（1981～2010 年）黄河流域的多年水分要素均值及变化趋势的空间分布如图 4–2 所示。流域年降水量（P）为 140～1 050 毫米不等，总体呈自南向北递减的分布规律，其中下游的 P 普遍在 400 毫米以上，P 较少的地区主要分布在鄂尔多斯高原与河套平原的西部（图 4–2（a））。流域的潜在蒸散（ET_O）整体高于 P，超过 85% 的地区 ET_O 在 550 毫米以上，其中青藏高原地区可能因为高寒气候而有最低的 ET_O（≤400 毫米）。与 P 空间分布的明显梯度规律不同的是，ET_O 在鄂尔多斯高原与河套平原的西部，以及流域下游地区均有最高值（≥800 毫米）（图 4–2（b））。对应上述 P 和 ET_O 的空间分布规律，鄂尔多斯高原与河套平原西部因有最低的 P 和最高的 ET_O，干湿指数（AI）最高（≥4.0），属于干旱区；流域中北部的其他地区 AI 次高（1.5～4.0），属于半干旱区；下游地区虽然有最高的 P，但 ET_O 同样也是最高，因此 AI 次低（1.0～1.5），属于半湿润区；流域中南部也属于半湿润区；流域西南角的 ET_O 最小，且 P 值较高，因此 AI 最低（≤1.0），属于湿润区（图 4–2（c））。

受气候变暖的影响，流域除北部和下游地区外的大部分地区的 ET_O 在过去三十年发生增加（图 4–2（e）），同时 P 在除西北部和下游地区外的大部分地区发生下降（图 4–2（d））。因此，流域北部和下游地区有变湿的趋势，以 AI 指示的趋湿速率为–0.15±0.17/十年。但呈变干趋势的地区还是占据了流域的大部分面积（66%），趋干速率为 0.06±0.04/十年（图 4–2（f））。在对流域进行干旱监测和应对时，

除了重视相对缺水的鄂尔多斯高原与河套平原的西部外，还应增加
关注正在变干的流域中部和西南部地区。

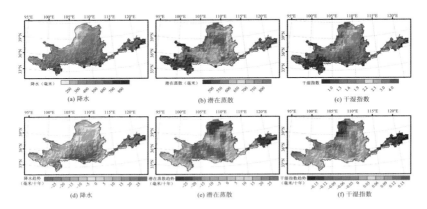

图 4–2　1981～2010 年黄河流域降水、潜在蒸散和干湿指数的多年均值（上排）与趋势（下排）的空间分布

三、各级干旱面积的逐月变化

根据对流域内每个格点发生的不同等级干旱事件进行识别，统
计了研究期逐月各级干旱格点的面积占比（图 4–3）。干旱的发生面
积序列呈波动变化特征。20 世纪 90 年代末期和 21 世纪初期是黄河
流域的干旱持续高发期，干旱发生面积大、持续时间长且干旱事件
严重，期间中旱面积占比在很长的时间序列内超过 20%。1997 年 10
月～1998 年 4 月的重旱面积占比和特旱面积占比甚至分别高达
22.93%±4.64% 和 17.19%±3.05%。在其他时期，重旱和特旱的面积占
比分别多在 20% 和 5% 以下变化。20 世纪 80 年代下半叶和 20 世纪
90 年代初也发生了大面积的长期干旱，但多为轻中旱事件，因此造

成的影响可能相对较轻。到 20 世纪后期，干旱面积基本收缩到 40%
以下，而且重旱和特旱事件基本很少出现。

　　把连续的干旱面积逐月序列拆分成各个月的干旱面积年序列
（图 4–4），发现各月之间的干旱面积差异不大，在整个时期年际
变化趋势均不显著，呈现出相似的先增加后减少的年际动态。各
月干旱的高值均集中于 20 世纪末和 21 世纪初，第二高峰则出现
在 20 世纪 90 年代初。其中，1 月、2 月和 3 月的干旱发生面积最
高值均出现在 1998 年，干旱面积占比分别为 80.98%、81.27% 和
83.96%；4 月、5 月和 6 月的干旱发生面积最高值均出现在 1992
年，干旱面积占比分别为 95.73%、93.68% 和 87.58%；7 月和 9 月
的干旱发生面积最高值均出现于 2000 年，干旱面积占比分别为
88.08% 和 75.23%；8 月的干旱发生面积最高值出现于 1999 年，干
旱面积占比为 76.45%；10 月、11 月和 12 月的干旱发生面积最高
值均出现在 1997 年，干旱面积占比分别为 84.50%、83.92% 和
81.76%。每个月的 12 月尺度干旱均考虑了一年中 12 个月的水分
收支平衡，这可能是各月干旱面积的年际序列相似度较高的
原因。

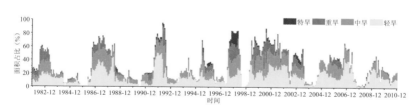

图 4–3　1981～2010 年黄河流域各级干旱发生区域面积占比的逐月变化

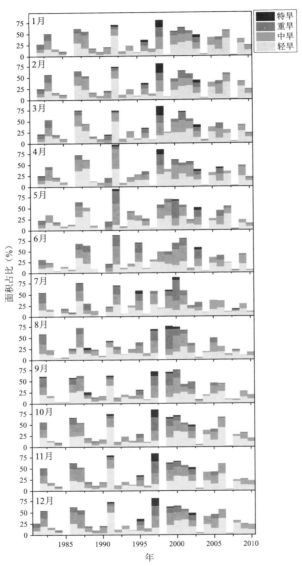

图4-4 1981~2010年黄河流域各月干旱发生区域面积占比的逐年变化直线为各月的

总干旱面积趋势

四、大面积干旱事件的时空演变

选择中旱、重旱占比最高的 1997 年 10 月～1998 年 4 月，及该时段前后各三个月，绘制各级干旱事件的频次空间分布图，观察干旱事件的空间位置变化过程（图 4-5）。干旱首先出现在流域的中南部和下游，而后两个干旱发生区域迅速扩张并连成一片。1997 年 9 月起大面积中旱事件加剧为重旱事件，且特旱事件大面积出现。重旱、特旱事件持续至 1998 年 4 月，期间干旱面积占比高达 83.00%±1.48%；中旱及以上干旱事件的面积占比高达 64.69%±4.32%。越靠南的地方干旱越严重。特旱事件于 1998 年 2 月达到最大影响面积（20.89%）。值得注意的是下游的干旱在 1998 年 4 月后基本减缓为轻旱事件。1998 年 5 月起，干旱从流域北部开始消退，下游中旱以上干旱事件消失，至 1998 年 7 月整个流域基本没有干旱。从本次干旱事件的时空演变过程可知，本次大规模干旱事件在夏末开始发生，在秋冬季爆发并达到峰值，严重干旱事件持续到春季，于春末可能因降水增加而开始缓解，最后在雨季消退。干旱事件的这次季节演变规律可能和流域的冬干春旱、夏秋多雨的季风性气候有关。基于 3 月尺度的标准化降水指数和侦察干旱指数（Reconnaissance Drought Index, RDI）的干旱监测研究也捕捉到了这次在 1997 年下半年开始发生的黄河流域干旱事件（Xu *et al.*, 2015）。干旱中心为 109.48°E，34.13°N 或 109.78°E，34.40°N，正好位于图 4-6 中的特旱区域，因此可以认为与本研究捕捉到的是同一个干旱事件。

为进一步从水分要素时空变化的角度解析本次干旱事件的演变规律，绘制同时期（1997 年 7 月～1998 年 7 月）的 P 和 ET_0 的距平百分率分布。而且为了与 12 月尺度的干旱事件相对应，P 和 ET_O 均为 12 月累积值。某月的 12 月累积 P 即为该月及其前 11 个月 P 的总和。12 月的累积 ET_O 同理。距平百分率是相对于 1981～2010 年同一月份的 12 月累积值多年均值来说的。本次干旱事件的水分要素距平百分率空间分布演变过程显示（图 4–6、图 4–7），P 的变化比 ET_O 的变化更大。干旱期间前者在大多数干旱发生区比平常要低 10%以上，甚至有很多地区比平常低 20%以上；后者则在大部分干旱发生区比平常高 5%～10%，少有高于 20%的区域。P 减少和 ET_O 增加是

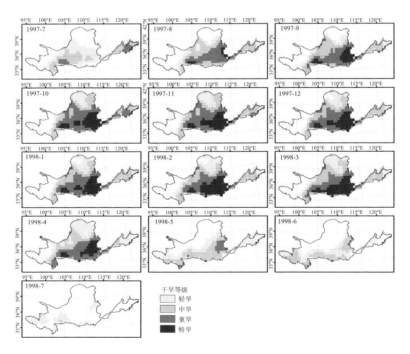

图 4–5　1997 年 7 月至 1998 年 7 月黄河流域干旱事件的时空分布

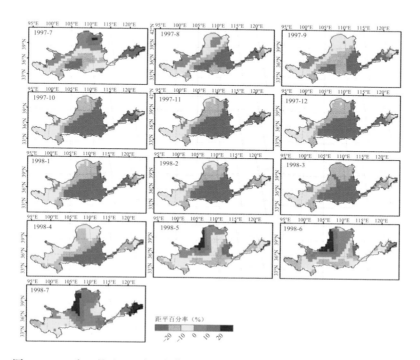

图4-6　1997年7月至1998年7月黄河流域降水距平百分率(相对于1981~2010年)的时空分布

导致干旱发生的基本条件，因此干旱事件的分布基本随 P 的负距平百分率和 ET_0 的正距平百分率的分布扩张而扩张、消退而消退。此外，干旱事件的发生区域大体上与 P 距平百分率的≤−20%级的分布相似，所以降水不足可能是这次干旱事件的主要原因。

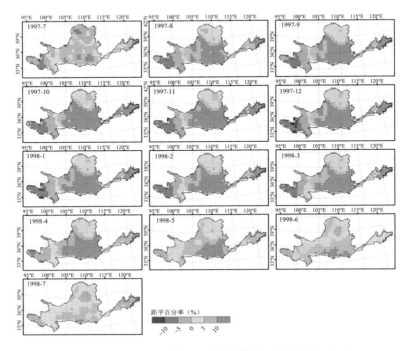

图 4-7 1997 年 7 月至 1998 年 7 月黄河流域潜在蒸散距平百分率(相对于 1981～2010 年)的时空分布

五、干旱事件的频次、持续时间和强度特征

（一）干旱特征的空间分布

图 4-8 显示了过去三十年黄河流域干旱事件的频次、持续时间和强度（干旱期间 SPEI12 小于-0.50 分布的平均值）的空间分布。这里的干旱事件是带有持续时间的连续事件，多个连续月份的干旱视为一个干旱事件，而不是本节中每个月算一次的干旱状况，需要注意区分。三个干旱特征均有明显的空间区域分异且差异明显，构

成了流域内各区域具有的多种干旱特征组合。流域西南部，即青藏高原的部分是流域的干旱高发区，30 年内干旱发生频次高达 17.49±2.74 次。该地区的干旱持续时间不长（6.46±1.02 月），但干旱强度在整个流域内属于高值区之一（0.39±0.05SPEI）。另一干旱高发区是流域中游东南部，不少格点的干旱发生频次在 15 次以上，而且许多格点的干旱强度都在 0.4SPEI 以上，持续时间则较短，约为 6 月。流域中北部的鄂尔多斯高原与河套平原是黄河流域内干旱持续时间最长的区域，平均干旱持续时间长达 10.76±2.73 月。该地貌区也是流域内干旱强度高值区之一，平均干旱强度为 0.42±0.07SPEI。但该区为干旱频次最低的区域，平均干旱频次只有 11.34±2.46 次。流域下游的干旱持续时间和干旱强度均为流域的高等水平，同时干旱频次较低。以桃花峪位置作为黄河流域中下游分界，则约 113.5°E 以东为黄河流域下游，干旱频次、持续时间和强度分别为 13.90±2.31 次、8.60±1.71 月和 0.47±0.07SPEI。

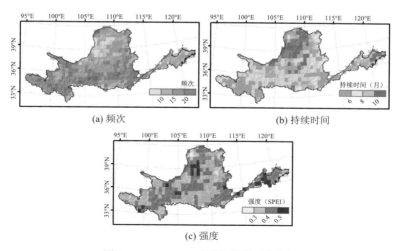

(a) 频次　　　　　　　　　　(b) 持续时间

(c) 强度

图 4-8　1981~2010 年黄河流域干旱特征

综上，黄河流域的干旱事件有四大区域特征，分别为青藏高原的高频次短期高强度干旱、黄土高原南部及其以南的中频次中期高强度干旱、鄂尔多斯高原与河套平原的低频次长期高强度干旱，以及流域下游的中频次长期高强度干旱。因此，在对流域干旱事件进行管理时需考虑不同区域的干旱特征差异，因地制宜地采取适合的防旱抗旱措施和干旱适应技术。

（二）干旱特征之间的关系

两个水分变量之间的关系通常可以简单地用二元分布来描述（Shiau, 2006; Tu *et al.*, 2016）。统计黄河流域 1981～2010 年每个格点上发生的每次干旱的持续时间和强度，进而绘制干旱发生的格点次分别与干旱持续时间和干旱强度变化的散点图，以及干旱强度随干旱持续时间变化的散点图（图 4–9）。在黄河流域，干旱事件的发生格点次随干旱持续时间呈先迅速下降再平缓稳定的非线性减少分布。随干旱强度增加的分布也呈类似特征。这些结果符合客观规律，即短期干旱比长期干旱多（Lloyd-Hughes and Saunders, 2002; Lauenroth and Bradford, 2009; Allen *et al.*, 2015），而长时间尺度对水的短期不平衡有去噪作用。

采用两种符合这种二元分布规律的常用单调递减函数拟合这两幅散点图，一个是 $b<0$ 的幂函数（$y=a \times x^b$），一个是 $0<c<1$ 的指数函数（$y=a+b \times c^x$），拟合线分别为图中的红线与绿线（图 4–9（a）、（b）），然后选取决定系数 R，来对比哪个函数更适合表达散点的非线性分布特征。结果发现，干旱发生格点次随干旱持续时间的分布更接近于幂函数（$R^2=0.92$），随干旱强度的分布更接近于指数函数（$R^2=0.98$）。干旱强度与干旱持续时间之间的关系则复杂一些，不能简单地用单

调函数来拟合（图 4–9（c））。在干旱持续时间≤12 个月的干旱中，持续时间越长的干旱有越高的干旱强度，而在干旱持续时间长于 12 个月的干旱中，不论是多长持续时间的干旱，干旱强度都大约在 0.6 和 0.9 之间波动（0.74±0.08），甚至当干旱持续时间超过 24 个月后，干旱强度有所下降。有趣的是，干旱强度随干旱持续时间的分布曲线的拐点正好是 12 个月，与本研究中关注的干旱时间尺度（12 月）相一致。在其他研究中，也在不同地区根据不同的干旱指标发现了干旱程度（如面积、频率、严重程度）随干旱持续时间呈类似于指数函数的分布特征（Reddy and Ganguli, 2012; Xu *et al.*, 2015; Tu *et al.*, 2016; Montaseri *et al.*, 2018）。因此，干旱发生的格点次和干旱强度随干旱持续时间的非线性变化是一种普遍现象，不受干旱指标或干旱区域的限制。只是非线性变化的特征可能有所差异，很难找到一个理想的函数来表示所有情况下干旱要素之间的关系（Tu *et al.*, 2016）。干旱发生的多少、干旱强度，以及持续时间之间的非线性变化是应对干旱灾害的重要科学依据。目前，由于长期干旱事件和高强度干旱事件的稀缺性，拟合曲线特征可能存在偏差，有必要通过跟进观测或古气候重建来进一步补充资料，以降低这种不确定性。

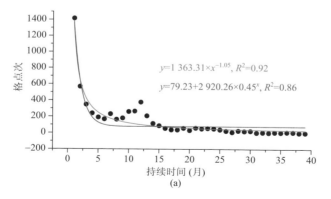

(a)

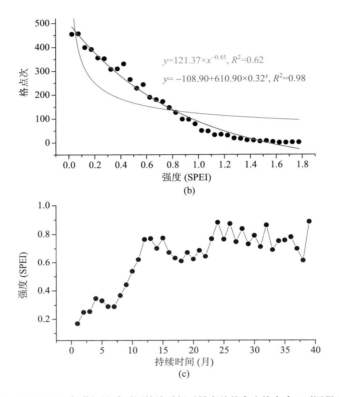

图4-9　1981~2010年黄河流域不同持续时间干旱事件的发生格点次、不同强度干旱
事件的发生格点次、干旱强度随干旱持续时间的变化

第二节　榆林地区夏季长周期旱涝急转特征

全球气候变化导致极端天气事件的强度和频率逐渐增强（孙小婷，2018）。这些气象灾害在空间上群聚、时间上群发，而各致灾因

子之间不存在成因联系。学术界将其称为灾害群事件（史培军等，2014）。旱涝急转作为灾害群事件的重要类型，是指干旱与洪涝两种极端气候现象在同一区域交替发生且转变速度极快的现象（吴志伟，2006）。这一气候异常现象致使抢险救灾难度加大，区域受到的影响和损失倍增（刘义权，2008）。由极端天气引发的气象灾害将很大程度上威胁人类的生产生活。干旱和洪涝单独发生都将带来严重经济损失，同时导致农业大幅减产，农业生产区遭遇旱涝急转事件更将造成极大破坏。

鉴于旱涝急转所造成的严重危害，中国开展了关于旱涝急转识别和分布区域的研究。在旱涝急转的规律分析方面，主要包括通过历史资料探究旱涝急转发生的规律，或采用一系列旱涝急转评价指标研究旱涝急转特征。在评价指标方面，多采用基于日降水量的旱涝急转指数对汛期旱转涝事件的研究较为广泛。吴志伟（2006）对长江流域定义了长周期旱涝急转指数（Long-cycle Drought-flood Abrupt Alternation Index, LDFAI）。杨金虎等（2015）对西北地区提出的旱涝急转指数定义，对西北东南部夏季旱涝急转事件的环流特征进行分析。刘宇峰等（2017）对山西省提出了旱涝急转指数定义，并对权重系数进行调整。此外，还有学者采用基于日降水量的旱涝急转指数对汛期旱转涝及涝转旱事件进行研究。张水锋等（2012）对基于降水量的旱涝急转指数进行改进以研究淮河流域汛期的旱涝急转事件。其中，在区域长时间尺度旱涝急转发生特征方面，LDFAI指数得到了广泛的认可和应用。在旱涝急转事件研究区域上，研究初期主要集中在事件频发的长江中下游地区（封国林等，2012；沈柏竹等，2012；李迅等，2014；闪丽洁等，2015）、淮河地区（王胜等，2009；程智等，2012；黄茹，2015），而后逐步扩展向整个华南地区（吴志伟等，2007；何慧等，2016；张玉琴等，2019）、西南地区（孙小婷等，2017）。现今我国华中（彭高辉等，2018）、东北（岳杨，2020）、西北（杨金虎等，2015）也有不同程度的旱涝急转事件发生。从农业生产的角度，采用长时间尺度 LDFAI 指数，对典型的农业脆弱地区，特别是我国黄土高原生态脆弱区的旱涝急转事件的发生频率和强度进行定量分析，将有助于解释导致农村低收入形成的气象因素。

榆林地区位于陕西省北部，是我国农业生态环境脆弱区（徐桂珍，2017）。农业生产一旦遭遇旱涝急转事件将造成极大破坏。现有研究多在讨论榆林地区旱涝灾害的单因素致灾因子的特征分析（徐玉霞，2017；徐玉霞等，2018；李英杰，2017）、监测分析（李红梅，2014），及其对当地农作物的影响、评估与区划等（徐桂珍，2017）。然而在历史上该地区曾多次发生旱涝急转事件，其发生规律尚不清楚，分析农业生态脆弱区长时期内发生旱涝急转事件的趋势特征，有助于深化气候特性与区域农业生产和社会发展的关系。鉴于此，本节以榆林地区旱涝急转事件作为研究对象，基于榆林地区 1966～2018 年逐日降水资料，利用长周期旱涝急转指数（LDFAI）对旱涝急转事件进行定量识别并进行趋势性检验，研究结果将为农户在节水蓄水排水的农业生产上提供理论参考，为抗灾减灾部门制定旱涝急转事件应对措施提供数据支持。

一、旱涝急转灾害评估方法

（一）研究区概况

榆林地区位于陕西省最北部，经纬度跨 36°57′N～39°35′N，

107°28′E～111°15′E，地处中温带地区，为干旱半干旱的交界区，是典型的温带大陆性气候，多年平均降水量 398 毫米，是全省降雨量最小的地区，降水季节分配不均，主要集中在夏季，常以暴雨的形式出现（郑亚云，2015）。受复杂地形和气候的影响，该地为旱涝灾害多发地带。水资源匮乏，水资源总量不足全省的 10%，人均水资源占有量仅为 892 立方米，属于重度缺水地区（蒋伟等，2018）。

（二）资料来源与处理

采用的榆林地区旱涝急转事件数据资料均来自于中国气象数据共享网（http://data.cma.cn/），分别选择榆林站、神木站、定边站、靖边站、横山站和绥德站，将 1966～2018 年逐日降水量整理成逐月降水量。

（三）方法

统计榆林地区近 53 年来每月降水量情况，夏季降水量为 5～8 月降水量之和，旱涝急转事件多发生在此时段。为了消除量纲对试验结果造成的影响，先将 5～8 月的降水量进行标准化处理，根据长周期旱涝急转指数，分析榆林地区旱涝急转的特征。长周期旱涝急转是指 5～6 月旱，7～8 月涝，称为"旱转涝"，反之，则为"涝转旱"。长周期的变化时间尺度为 2 个月（吴志伟，2006）。

1. 降水量标准化处理

$$R = \frac{X_i - \overline{X}}{\sqrt{\dfrac{1}{n}\sum_{i=1}^{n}(X_i - \overline{X})^2}} \qquad i = 1,2,\cdots,n \qquad （式 4\text{-}1）$$

式中：R 为标准化降水；X_i 为降水量（毫米）；$\overline{X}$ 为降水量的均

值（毫米）。标准化降水量小于–0.5 代表降水量偏小，大于 0.5 代表降水量偏大。

2. 长周期旱涝急转指数

对于旱涝急转指数，参考吴志伟（2006）对旱涝急转指数的定义，将每个气象站点 5～6 月和 7～8 月的降水量标准差进行标准化处理，并代入以下公式计算 LDFAI 值：

$$LDFAI=(R_{78}-R_{56})\times(|R_{78}|+|R_{56}|)\times1.8^{-|R^{56}+R^{78}|} \qquad （式 4-2）$$

式中：LDFAI 为长周期旱涝急转指数；R_{56} 为 5～6 月标准化降水量；R_{78} 为 7～8 月标准化降水量；（$R_{78}-R_{56}$）表示旱涝急转强度；（$|R_{56}|+|R_{78}|$）表示旱涝强度；$1.8^{-|R^{56}+R^{78}|}$ 为权重系数，其作用是增加旱涝急转事件所占权重，降低全旱或全涝事件权重。

旱涝急转事件的判断标准为：LDFAI 值＞1 为旱转涝事件，LDFAI 值＜–1 为涝转旱事件，LDFAI 值在–1～1 之间为正常状态；LDFAI 值的绝对值反映旱涝急转的强度。绝对值越大，说明旱涝急转事件越严重（刘宇峰等，2017；彭高辉等，2018）。

3. 曼–肯德尔突变检验

曼–肯德尔突变检验是世界气象组织推荐使用的非参数检验方法，适用于气象、水文等非正态分布的数据。该检验不要求样本满足一定的分布，而且检验结果较少受到少数异常值的干扰，因此在旱涝突变研究领域得到广泛应用。设气候序列为 $\{X_n\}$，S_k 表示第 k 个样本 $X_i>X_j$（$1\leq j\leq i$）的累计数，定义统计量为：

$$S_k=\sum_{i=1}^{k}r_i, r_i=\begin{cases} 1 & X_i>X_j \\ 0 & X_i\leq X_j \end{cases} \qquad （j=1,2,\cdots,i ; k=1,2,\cdots,n） \qquad （式 4-3）$$

在序列随机独立的假定下，S_k 的均值和方差分别为：

$$E(S_k)=k(k-1)/4, \quad Var(S_k)=k(k-1)(2k+5)/72 \quad 1 \leqslant k \leqslant n \qquad （式 4-4）$$

将新序列 S_k 标准化得：

$$UF_k = \frac{(S_k - E(S_k))}{\sqrt{Var(S_k)}} \qquad （式 4-5）$$

其中：$UF_1=0$。给定显著水平 α，若 $|UF_k| > U_\alpha$，则表明序列存在明显的趋势变化。若此方法引用到反序列 $\{x_n\}$，即 $\{x_n\}$ $=\{X_n,\cdots,X_2,X_1\}$。再进行类似的运算，在新的序列 $UF_{k'}$，则反序列的 UB_k 由下式给出：

$$\begin{cases} UB_{k'} = -UF_{k'} \\ k = n+1-k' \end{cases} \quad k=1,2,\cdots,n \qquad （式 4-6）$$

其中：$UB_1=0$。李红梅等（2008）研究认为，在给出的 UF_k，UB_k 序列中，在显著水平信度线内，若存在一个交叉点，则可认为在该交叉点发生了突变；若存在多个交叉点，则无法确定是否发生了突变。

二、旱涝急转灾害特征

（一）夏季 LDFAI 与各站点 LDFAI 的相关性分析

为检验榆林地区旱涝急转现象是否具有整体性，根据式 4-2，计算出榆林地区 LDFAI 与各站点 LDFAI 结果，并进行相关统计分析。表 4-2 为榆林地区 LDFAI 与各站点 LDFAI 的相关分析结果。可知，榆林地区夏季 LDFAI 与各站点的 LDFAI 具有显著的相关性。皮尔逊相关系数均通过了 $\alpha=0.01$ 的显著性水平检验，说明将榆林地区作为整体分析旱涝急转演变规律是合理可行的。

表 4–2　榆林地区夏季旱涝急转指数（LDFAI）与各站点 LDFAI 的皮尔逊
相关系数

站点	相关系数	站点	相关系数
榆林	0.839[**]	靖边	0.742[**]
神木	0.819[**]	横山	0.913[**]
定边	0.618[**]	绥德	0.928[**]

注：** 表示通过 $\alpha=0.01$ 的显著性水平检验（双侧）。

（二）旱涝急转长周期变化

根据图 4–10(a) 和旱涝急转事件判断的标准，在过去的 53 年里，榆林地区夏季有 28 年（1966～1973、1976～1979、1982、1990、1992～1995、1997、2000～2001、2009、2011、2013、2014、2016～2018）出现旱转涝事件。旱涝急转事件发生频率为 52.83%。榆林地区夏季 LDFAI 正值最大的是 2001 年，为 3.10；负值最小的是 2002 年，为 –0.64，说明榆林地区只发生过"旱转涝"事件，从未发生过"涝转旱"事件。1966～2018 年，榆林地区夏季 LDFAI 总体以 –0.073/十年的速率下降，表明该区域旱涝急转现象存在减少的趋势。

从图 4–10(b) 中的 LDFAI 强度的长周期变化分析来看，榆林地区夏季 LDFAI 强度在时间序列上略呈下降趋势（–0.073/十年），表明榆林地区夏季旱涝急转强度总体在减弱。在过去的 53 年内，榆林地区夏季 LDFAI 强度序列呈现阶段性，1966～1979 年、1990～2001 年和 2009～2018 年为偏强期；1980～1989 与 2002～2008 年为相对偏弱期。

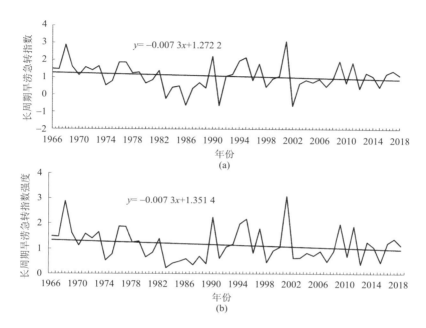

图 4-10 1966～2018 年陕西北部榆林地区旱涝急转 LDFAI 指数及强度的变化

　　分别选取最高 LDFAI 年和最低 LDFAI 年进行剖析（表 4-3），高 LDFAI 年中，5～6 月的标准降水量均低于 7～8 月，即 5～6 月到 7～8 月的降水量有增加趋势。高 LDFAI 年中 5～6 月的标准化降水量小于 -0.5 的是 1968 年和 2001 年，说明这两年 5～6 月显著偏旱，而 7～8 月的标准化降水量大于 2，说明 7～8 月急剧转涝。而在低 LDFAI 的年份，5～6 月和 7～8 月的标准降水量均在 0.5～2.0 之间，没有达到"涝转旱"的标准。因此，在 1966～2018 年的 53 年中，可以识别出 1968 年和 2001 年是旱涝急转现象最严重的年份。

表 4–3　1966～2018 年最高（低）LDFAI 年及其标准化降水量

高 LDFAI				低 LDFAI			
年份	LDFAI	5～6 月	7～8 月	年份	LDFAI	5～6 月	7～8 月
2001	3.097	−0.628	2.028	2002	−0.637	1.729	0.646
1968	2.881	−0.571	2.049	1991	−0.621	1.695	0.645
1990	2.233	−0.430	1.816	1986	−0.608	1.866	0.777
1995	2.163	−0.355	2.107	1983	−0.233	0.899	0.521

（三）旱涝急转指数的 M–K 指数突变检验分析

图 4–11(a)和 4–11(b)分别为 LDFAI 指数及其强度的曼-肯德尔突变检验结果。从图 4–11(a)和 4–11(b)可以看出，LDFAI 指数及其强度的正、反序列曲线 UF 和 UB 在显著性水平信度线之间有多个交点，表明没有发生年代际突变。榆林地区 LDFAI 指数和强度时间序列的 M–K 检验正序列曲线 UF 均在 1966～1970 年间波动变化较平稳，在 1970 年后的全部年份均为负值。这表明夏季 LDFAI 和强度在 1970 年以来呈现下降趋势，且在 1983～1995 年后超过 $\alpha=0.05$ 的显著性水平信度线，意味着旱涝急转事件发生频率和强度下降趋势显著。

旱涝急转灾害群事件的长周期特征是理解部分农业发展滞后所面临的气候风险的重要因素。通过对陕西北部榆林地区"旱涝急转"现象的剖析，发现榆林地区 1966～2018 年期间有 28 年发生旱涝急转事件，发生频率为 52.83%，且只发生过"旱转涝"事件，从未发生过"涝转旱"事件。识别出 1968 年和 2001 年是旱涝急转现象最严重的年份。榆林地区 LDFAI 整体以–0.073/十年的速率下降，表明

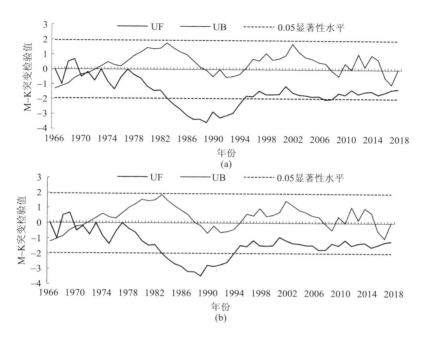

图 4–11 1966～2018 年榆林地区 LDFAI 及其强度的 M–K 突变检验

该区域旱涝急转现象存在减少的趋势，但没有发生年代际突变。由此看出，陕西北部榆林地区农业发展长期滞后，确实与该地区旱涝急转灾害群事件高频率的发生有关，毕竟超过一半的年份都面临两种极端天气事件的交错影响。叠加的损失使农民难以完全应对，成片长期低收入在所难免。旱涝急转灾害群事件的长周期特征研究成果将为理解农业脆弱区成因和制定农民增收政策提供科学依据。

　　本节局限在仅从降水的角度分析了榆林地区长周期旱涝急转变化特征，下一步可以从农业干旱的角度研发农业干旱的旱涝急转指数，与作物生长发育密切结合，将更有力地解读旱涝急转灾害群事件对区域农业发展的战略性意义。

第三节 黄河流域干旱事件对春季物候的影响

一、气候对物候影响的研究背景

气候变化对植被活动产生了多方面的影响，包括物候、生产力和死亡率等。本节选择黄河流域生态系统的物候作为过去干旱的影响对象开展研究，为当地自然植被和作物的管理提供参考。物候对气候变化的响应非常敏感且容易被监测到（Sparks and Menzel, 2002; Ge et al., 2015）。生长季开始日（start of the growing season, SOS）和生长季结束日（End of the Growing Season, EOS）是两个常用的物候变量，分别指示植物在一年中的展叶期和落叶期（Chen and Xu, 2012），而且分别与生态系统碳吸收的开始和结束有关（Barichivich et al., 2012）。SOS 的提前也可以减少一些地区的春季沙尘暴和地面蒸发（Fan et al., 2014; Ma et al., 2016）。气候变化影响下，北半球最大的物候响应是 SOS 的提前和 EOS 的推迟（Jeong et al., 2011; Liu et al., 2016）。春季暖化对 SOS 的提前起到主导作用（Peñuelas and Filella, 2001; Jeong et al., 2011; Wang et al., 2017）。其中季前白天温度比季前夜间温度的作用更大（Piao et al., 2015）。冬季变暖则可能会对 SOS 产生推迟的影响，因为满足植被冬季冷需求的时间延长了（Yu et al., 2010; Pope et al., 2013）。秋季暖化与 EOS 的关系比 SOS 与春季暖化的关系更复杂（Jeong et al., 2011; Gill et al., 2015）。秋季季节前白天和夜间温度在 EOS 变化中发挥相反的作用（Wu et al., 2018）。此外，SOS 本身的变化也可能影响 EOS 的变化（Keenan and Richardson,

2015; Liu *et al.*, 2016）。

除了温度，干旱是物候变化的另一个主要解释因素（Borchert, 1994; Cui *et al.*, 2017; Kang *et al.*, 2018）。然而，物候对干旱的响应是如此复杂，以至于尚未得到充分的研究（Brown and Meier, 2015; Yun *et al.*, 2018），迄今为止已经确定的对干旱的物候响应仍存在争议（Silva *et al.*, 2015; Wang *et al.*, 2016; He *et al.*, 2018）。例如，伯纳尔等（Bernal *et al.*, 2011）发现干旱条件下 SOS 出现得更早，而康文平等（Kang *et al.*, 2018）则发现相反的结果。通过对比研究发现，SOS 对干旱的响应差异可能是区域之间的水分、温度、辐射等条件的差异造成的（Deng *et al.*, 2020b）。具体而言，同样是在中国北方，湿润区或半湿润区的 SOS 对季前干旱的响应表现为提前为主，而半干旱区的 SOS 对季前干旱的响应表现为推迟为主。这与干旱伴随的环境升温、水分减少和辐射增加有关。暖温带湿润区或半湿润区的水分是满足激发 SOS 的，因此干旱造成的水分减少对 SOS 影响不大，反而是干旱伴随的升温和辐射增加促进 SOS 提前发生；北方半干旱区本来就缺少激发 SOS 的水分条件，而且本身辐射量就较为充足（云量少），因此干旱伴随的升温和辐射增加对 SOS 不产生显著的促进作用，而水分的进一步减少对 SOS 的发生产生了抑制作用，使其推迟。

本节以黄河流域为研究区，分析生长季开始时期的干旱对当地 SOS 的影响。由于关注的是干旱期与正常期的物候差异，而不是物候趋势，本节没有考虑土地覆被变化，尽管它可能会影响春季物候（Romo-Leon *et al.*, 2016; Yao *et al.*, 2017）。

二、生长季开始日的时空分布

生长季开始日的计算使用了美国宇航局戈达德航天飞行中心全

球库存建模和制图研究小组（Global Inventory Modeling and Mapping Studies, GIMMS）提供的中国 1982～2010 年的 AVHRR（Advanced Very High Resolution Radiometer）归一化植被指数（normalized difference vegetation index , NDVI）数据集（Tucker *et al.*, 2005）。NDVI 数据集的时间分辨率为 15 天，空间分辨率为 1/12 度。在 SOS 检测之前，在每个网格单元，将 1982～2010 年的所有年度 NDVI 时间序列中最高和最低的 5%作为云污染点去除（Ge *et al.*, 2016）。因为研究的是植被物候，所以根据中分辨率成像光谱仪（Moderate Resolution Imaging Spectroradiometer, MODIS）全球数据集的土地覆盖类型（Friedl and Sulla-Menashe, 2019），把永久湿地、荒地、水覆盖、积雪覆盖、冰覆盖、城市和建筑用地为中心的网格单元删除。然后采用在计算中国地面春季物候方面表现较好的中点法计算各网格单元上的 SOS 值（Cong *et al.*, 2013; Wang *et al.*, 2014）。在中点法中，对每半个月的 NDVI 计算多年的中值，定义中值 NDVI 时间序列的中点作为阈值，每年的 SOS 即为当年 NDVI 序列首次超过阈值的日期（Ge *et al.*, 2016）（图 4–12）。使用样条法对 NDVI 数据的时间分辨率从半个月插值到一天（White *et al.*, 2002），进而基于阈值计算 SOS。

对每个格点，分别计算了 1982～2010 年黄河流域的 SOS 多年均值和 SOS 变化趋势（图 4–11）。其中青藏高原地区和北部地区的 SOS 比较晚，多在自然日 130 以后。流域的南部和下游地区的 SOS 比较早，多在自然日 130 以前。整个流域的 SOS 显著（$p<0.05$）变化趋势以提前为主，显著负趋势区域面积占了显著趋势区域面积的 89%，且多分布在流域的中下游地区，每 10 年提前 8.96±8.63 天。显著正趋势的区域则仅在青藏高原区和流域南部有小面积分布，每 10 年推

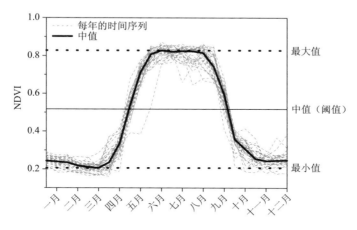

图 4-12　使用 NDVI 时间序列计算 SOS 的方法。每年的 SOS 被标记为当年 NDVI 首次超过阈值的日期

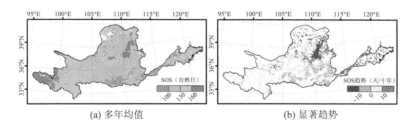

(a) 多年均值　　　　　　　　　　(b) 显著趋势

图 4-13　1982~2010 年黄河流域生长季开始日的多年均值和显著（$p < 0.05$）趋势

迟 7.79±8.37 天。若不考虑趋势的显著性，则整个流域有 71.48% 面积的区域表现为 SOS 提前趋势，每 10 年提前 5.40±6.66 天；有 28.52% 面积的区域表现为 SOS 推迟，每 10 年推迟 3.07±4.49 天。因此，流域的 SOS 整体主要表现为提前趋势，尤其是在中下游地区。全流域 SOS 均值的年际变化也表现出波动提前的显著趋势（–2.99 天/十年，$p < 0.01$），从自然日 140 左右提前到了自然日 130 左右，29 年内共约提前 10 天（图 4-14）。根据观测统计，黄河流域作物的播种期、

出苗期等春季物候在过去几十年内也出现了相应的提前趋势，但不同作物品种的春季物候响应存在差异（邓浩亮等，2015；王占彪等，2016；赵彦茜等，2019）。

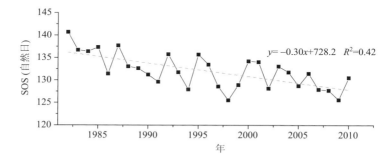

图 4-14　1982～2010 年黄河流域生长季开始日的区域均值变化及其拟合趋势线

三、生长季开始月干旱状况

本小节选用生长季开始月的干旱来指代生长季开始时期的干旱。生长季开始月在每个格点都是唯一的，由格点的 SOS 所在月份的多年众值求得。干旱通过 SPEI12 监测，其数据和方法已在前面章节介绍。1982～2010 年黄河流域的生长季开始月 SPEI12 与其趋势的空间分布有很大的不同（图 4-15）。SPEI 在流域中南部偏西、北部和下游地区最高。流域中南部偏西地区的生长季开始月显著趋干（SPEI 变化-0.52±0.06/十年），显著趋湿的地区主要有流域北部和下游地区（SPEI 变化 0.50±0.05/十年），但显著趋干和显著趋湿的面积在流域的面积占比均不大，分别为 16.00% 和 7.96%。

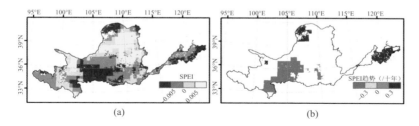

图 4-15　1982～2010 年黄河流域生长季开始月 SPEI12 的多年均
值和显著（p < 0.05）趋势

判断这 29 年内每个格点的生长季开始月是否干旱（SPEI12 <
-0.5），进而判断生长季开始月为干旱的年数，并计算这些年的生长
季开始月平均干旱强度，即 SPEI 低于 -0.5 部分的平均值（图 4-16）。
结果显示流域的中南部和中北部均为生长季开始月的干旱高发区，
29 年内基本有超过 10 年的生长季开始月发生干旱事件；流域西南部
和中游东南部是生长季开始月的干旱稀发区，29 年内生长季开始月
发生干旱的年份一般不超过 9 年。流域西南部也是生长季开始月干
旱强度的高值区，有大面积的干旱强度在 0.6 以上。生长季开始月干
旱年数较多的下游地区，干旱强度也较高，一般在 0.6 左右。流域中
北部的生长季开始月不仅发生干旱的年数多，干旱的强度也高，多
在 0.6 以上。流域中游东南部虽然生长季开始月的干旱年数不多，但
干旱强度一般在 0.6 以上。

然后，统计黄河流域每年的生长季开始月发生干旱的面积（图 4-
17）。同流域的连续月干旱面积序列一样（图 4-4），20 世纪 90 年代
末和 21 世纪初是高强度干旱的持续爆发期，1998～2003 年的干旱面
积高达 54.48%±10.37%，其中中旱以上面积为 34.48%±10.57%。但
1992 年是干旱面积最大的一年，高达 87.94%，中旱面积在所有年份

中最大（46.63%），重旱面积在所有年份中次大（1.19%）。1987 年也是一个大面积（73.77%）发生干旱的年份，但 34.73%的区域是轻旱。除了这些年份外，其他年份的生长季开始月干旱面积一般在 50%以下。

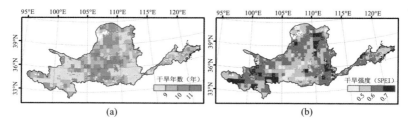

图4-16　1982～2010 年黄河流域生长季开始月的干旱年数和干旱强度

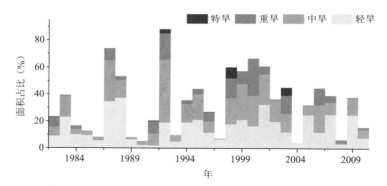

图4-17　1982～2010 年黄河流域生长季开始月干旱面积的变化

四、生长季开始日与生长季开始月 SPEI12 的关系

相关分析作为研究植被对气候变化响应的常用方法，可用来考察两变量之间相互关系的密切程度。偏相关分析的特点在于剔除其他变量影响之后度量两个变量间的相关性，能够更加真实地反映这两个变量间的相互依赖程度。利用插值到 NDVI 分辨率格点的月均

温和月辐射数据，分别在每个格点计算以生长季开始月的月均温和月辐射为控制变量时，SOS 与生长季开始月 SPEI12 的偏相关系数。然后在每个格点，以 SOS 为因变量，生长季开始月的 SPEI12 为自变量拟合线性方程，以拟合直线的斜率为 SOS 响应 SPEI 变化的敏感系数。采用 Mann-Kendall 方法检验各系数的统计学显著性。

以生长季开始月月均温和月辐射为控制变量的 SOS 与生长季开始月 SPEI12 的显著（$p < 0.1$）偏相关系数，以及 SOS 对生长季开始月 SPEI12 的显著敏感性，均显示出明显的区域分异（图 4–18）。流域大部分地区的显著偏相关系数和显著敏感系数均为负值，正显著偏相关系数和正显著敏感系数均主要分布在流域的南部和西南部地区。显著偏相关的格点中，负相关的格点面积占比高达 89.48%，平均值为–0.46±0.07。显著敏感的格点中，负敏感的格点面积占比高达 84.97%，生长季开始月 SPEI12 每增加/减少 1，SOS 平均提前/推迟 9.31±7.73 天。大约在 35°N 的纬度线是相关系数和敏感系数正负值的分界线。显著负相关格点中，有 94.31%面积的格点分布在 35°N 以北；显著正相关格点中，有 66.55%面积的格点分布在 35°N 以南。显著负敏感格点中，有 95.38%面积的格点分布在 35°N 以北；显著正相关格点中，有 77.41%面积的格点分布在 35°N 以南。综上可知，流域生长季开始月的干旱减少或减轻主要有助于 SOS 的提前，生长季开始月的干旱增加或加重主要有助于 SOS 的推迟，而产生相反作用的地区主要分布在 35°N 以南的水分条件较好的区域（图 4–2（a），（c））。

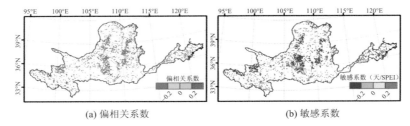

(a) 偏相关系数　　　　　　　　　　　(b) 敏感系数

图 4–18　1982～2010 年黄河流域生长季开始日与生长季开始月 SPEI12 的显著
（ $p < 0.1$ ）关系（控制生长季开始月月均温和月辐射）

五、生长季开始月干旱对生长季开始日的影响

分别统计生长季开始月不发生干旱年份的 SOS 均值和发生干旱年份的 SOS 均值，并用后者减去前者来表达干旱起到的影响（图 4–19）。就流域内生长季开始月发生过干旱的区域而言，当生长季开始月发生干旱时，SOS 晚于自然日 160 的区域（红色区域）面积占比从不发生干旱时的 7.70% 增加到 12.98%，扩张区域主要分布在流域中北部和西部地区；其他三个 SOS 等级（橙色、草绿色、绿色区域）面积占比均呈不同比例的下降（表 4–4）。可以推测，有约 5% 面积的 3 级 SOS（自然日 130～160）转变为了 4 级 SOS（＞自然日 160），而同时又有约 4% 面积的 2 级 SOS（自然日 100～130）发生转变，补充到 3 级 SOS 面积中，使得 3 级 SOS 的面积占比只减小约 1%。从整个流域来看，生长季开始月发生干旱时，有 36.33% 区域的 SOS 提前，平均提前 5.83±10.15 天，但提前 10 天以上的区域仅有 4.97%，分布在流域的中部偏西；有 63.67% 的区域的 SOS 推迟，平均推迟 8.03±10.37 天，其中推迟 10 天以上的区域有 16.08%（图 4–19（c）），主要分布在流域中北部和下游。综上，当黄河流域的生长季开始月

发生干旱时，不同区域的 SOS 产生的响应有明显差异，但产生推迟响应的区域更多，尤其是在流域中北部和下游地区。

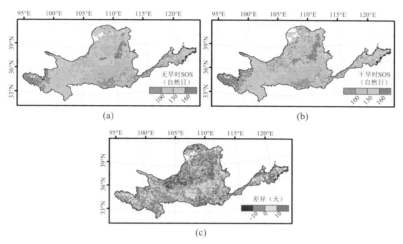

图 4-19 生长季开始月不发生干旱年份和发生干旱年份的生长季开始日均值，以及后者相对于前者的差异

表 4-4 生长季开始月无旱年份和干旱年份的各级生长季开始日面积占比及变化

等级	SOS（自然日）	无旱时面积占比（％）	干旱时面积占比（％）	面积占比变化（％）
1	＜100	7.27	6.83	−0.44
2	100～130	40.41	36.91	−3.50
3	130～160	44.65	43.68	−0.97
4	＞160	7.70	12.98	5.28

利用流域所有格点上的生长季干旱月发生年数、强度和生长季开始日等数据，把上述生长季开始月发生干旱时的 SOS 相对于不发

生干旱时的差异，分别在不同干旱年数、干旱强度和生长季开始日下统计均值和累加值（图4–20）。显然，在大部分情况下，SOS对生长季开始月干旱的响应表现为推迟。SOS推迟主要发生在干旱年数在1～9年的格点，且干旱年数在4～8年的推迟作用尤其明显（图4–20（a）、（b）），不仅把对应全部格点的SOS累积推迟了约33 770天，占所有格点被推迟天数的91.53%，平均在每个格点上起到的推迟作用也有3.56±10.92天。但是在干旱年数超过10的格点上，SOS的响应则主要表现为提前。在生长季开始月干旱强度在0.13以下的格点，SOS的响应方向较不确定；在0.14～0.58之间的格点，SOS的响应均为推迟；在0.59以上的格点，SOS的响应以提前为主（图4–20（c）、（d））。对于这些干旱强度较高的格点，由于多分布在流域南部边缘的与SPEI呈正相关关系的区域（图4–18），即生长季开始月越干旱植被出芽越早的区域，所以这些格点的SOS对干旱产生提前响应。对生长季开始月干旱产生推迟响应的主要是晚于自然日70的格点，早于自然日70的格点中则有约一半产生提前响应，一半产生推迟响应（图4–20（e）、（f））。在SOS晚于自然日115的格点中，除了自然日193的一个格点外，SOS所处的自然日每晚1天，SOS的推迟响应增加0.09天。

综上，黄河流域SOS对生长季开始月的干旱主要产生推迟响应，且在1982～2010年间发生4～8次生长季干旱月干旱，或干旱强度在0.25左右的格点上的推迟响应比较显著。此外，SOS越晚的格点，对生长季开始月干旱的推迟响应越多。至于SOS对干旱产生提前响应的部分格点，有一种可能是生长季开始月的气候干旱现象常年存

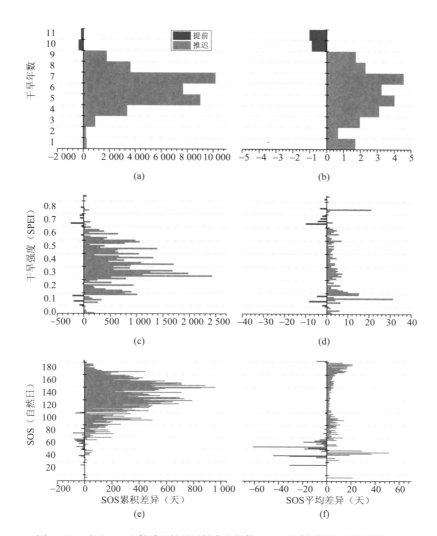

图4-20　不同(a, b)生长季开始月干旱发生年数、(c, d)生长季开始月干旱强度、(e, f)生长季开始日下，生长季开始月干旱发生造成的生长季开始日（左列）累积差异和（右列）平均差异

在，植物对这种干旱胁迫存在适应机制，干旱带来的温度与辐射增加可能反而有利于 SOS 提前发生（Deng *et al.*, 2020b），例如在生长季开始月干旱年份最多的格点（图 4-20（a），（b））；第二种可能是干旱事件强度较低，对 SOS 的影响不如其他环境因子，如开始月干旱强度最低的格点（图 4-20（c），（d））；还有一种可能是 SOS 在寒冷的冬季或早春发生，此时温度条件是 SOS 的主导因子，干旱带来的影响相对有限，或者伴随干旱产生的增温与辐射增加有利于 SOS 提前发生，如 SOS 较早的格点（图 4-20（e），（f））。

第四节 黄河流域干旱事件对生态系统生产力的影响

生态系统单位面积单位时间内通过光合作用固定的有机碳量称为总初级生产力（Gross Primary Production, GPP）。GPP 减去生态系统呼吸作用所消耗的碳后，富余的部分称为生态系统的净初级生产力（Net Primary Production, NPP）。NPP 是衡量生态系统结构功能的重要指标，也是生态系统受干旱影响明显的变量之一（Zhao and Running, 2010; Lei *et al.*, 2015），并且其对干旱的响应还与生态系统的其他活动相关联（Doughty *et al.*, 2015）。因此，研究 NPP 受干旱影响而产生的变化可以在一定程度上反映生态系统对干旱产生的综合响应。本节选用卡内基—埃姆斯—斯坦福模型（Carnegie–Ames–Stanford Approach Biosphere Model，CASA）模拟黄河流域的 NPP，继而结合前面章节通过 12 月尺度 SPEI 计算的干旱事件，分析黄河流域干旱对生产力的影响。

一、用于模拟 NPP 的 CASA 模型

CASA 模型是基于光能利用率概念，由遥感数据、温度、降水、太阳辐射，以及植被类型、土壤类型等驱动模拟 NPP 的机理模型（Potter *et al.*, 1993），能够实现对区域和全球 NPP 的动态连续监测，是目前国际上最通用的 NPP 模型之一。CASA 模型主要利用植被所吸收的光合有效辐射（Absorbed Photosynthetic Active Radiation, APAR）与光能转化率（ε）来估算植被 NPP。

$$\text{NPP}(x,t) = \text{APAR}(x,t) \times \varepsilon(x,t) \qquad (\text{式 4-7})$$

式中，x 表示空间位置，t 表示时间。APAR(x, t) 表示光合有效辐射（兆焦耳光合厘米/月），ε 表示实际光能利用率（克碳/兆焦耳），指植被将吸收的光合有效辐射转化为有机碳的效率。APAR 和 ε 这两个变量分别通过太阳辐射、*NDVI*、土壤水分、降水量、平均温度等指标来体现。

$$\text{APAR}(x,t) = \text{FPAR}(x,t) \times \text{SOL}(x,t) \times 0.5 \qquad (\text{式 4-8})$$

式中，SOL(x, t) 为太阳总辐射（兆焦耳/平方米），常数 0.5 是植被可利用的太阳有效辐射（波长 0.4～0.7 微米）占太阳总辐射的比例，FPAR(x,t) 为植被对光合有效辐射的吸收比例，由植被类型和可反映植被覆盖度的 NDVI 两个因子表示，并且使其小于或等于 0.95。

$$\text{FPAR}(x,t) = \min\left[\frac{\text{SR}(x,t) - \text{SR}_{\min}}{\text{SR}_{\max} - \text{SR}_{\min}}, 0.95\right] \qquad (\text{式 4-9})$$

式中，SR 为简单植被指数，$\text{SR}_{\min}$ 取值 1.08，$\text{SR}_{\max}$ 的大小与植被类型有关，SR(x,t) 通过 NDVI(x, t) 求得：

$$\mathrm{SR}(x,t) = \frac{1 + \mathrm{NDVI}(x,t)}{1 - \mathrm{NDVI}(x,t)} \quad\quad （式 4-10）$$

式 4-7 中的光能转化率 ε 算法：

$$\varepsilon(x,t) = T_{\varepsilon1}(x,t) \times T_{\varepsilon2}(x,t) \times W_{\varepsilon}(x,t) \times \varepsilon^* \quad\quad （式 4-11）$$

式中，$T_{\varepsilon1}$ 和 $T_{\varepsilon2}$ 代表温度胁迫的影响，W_{ε} 为水分胁迫影响系数，ε^* 是植被在理想条件下具有最大光能转化率。其中 $T_{\varepsilon1}$ 反映的是高温和低温下植物内在生化作用对光合作用的限制，$T_{\varepsilon2}$ 反映的则是环境从最适宜温度向高温和低温变化时 ε 的减小趋势。

就 NPP 估算而言，CASA 模型相对于其他模型所需要输入的参数较少，在一定程度上避免了由于参数缺乏而人为简化或者估计而产生的误差。然而，模型参数 SR_{min} 和 SR_{max} 的取值与植被分类有很大关系。因此，为减小植被分类以及 NDVI 数据本身固有的误差，引入植被分类精度（朱文泉等，2006），重新确定中国不同植被类型的 NDVI 和 SR 的最大值、最小值（表 4–3）。

表 4–5　本研究中 CASA 模型的 NDVI_{max}、NDVI_{min}、SR_{max}、SR_{min} 和 ε^* 值

植被类型	NDVI_{max}	NDVI_{min}	SR_{max}	SR_{min}	ε^*
常绿针叶林	0.891	0.027	17.349	1.055	0.389
常绿阔叶林	0.93	0.027	27.571	1.055	0.985
落叶针叶林	0.928	0.027	26.778	1.055	0.485
落叶阔叶林	0.928	0.027	26.778	1.055	0.692
混交林	0.927	0.027	26.397	1.055	0.768
灌丛	0.873	0.027	14.748	1.055	0.429
草地	0.696	0.027	5.579	1.055	0.542
栽培植被	0.822	0.027	10.236	1.055	0.542
湿地	0.825	0.027	10.429	1.055	0.542
其他	0.274	0.027	1.755	1.055	0.389

另外，CASA 模型中最大光能转化率 ε^* 的取值对 NPP 的估算结果影响很大。原 CASA 模型中的 ε^* 对全球使用一个固定值（0.43 克碳/兆焦耳），无法体现植被生长环境及其本身特征的差异性。这里采用朱文泉等（2006）在中国范围内的研究成果，该值介于原 CASA 模型和生理生态模型（BIOME-BGC）模拟结果之间，具有较好的精度和稳定性。

二、NPP 的时空分布特征

1982～2010 年黄河流域的多年 NPP 均值空间分布及年 NPP 趋势有明显的空间差异（图 4-21）。黄河流域的 NPP 高值区主要在西南部的青藏高原地区、流域南部的秦岭大巴山地北缘，以及黄土高原南部，共有 NPP 值超过 500 克碳/平方米/年的区域占流域面积的 14.79%。这些地区也是这 30 年 NPP 显著增加的区域，黄土高原东部也有大面积的 NPP 显著增加。流域内 NPP 显著增加的面积占比为 30.65%，变化速率达 2.07±0.97 克碳/平方米/年。NPP 显著下降的面积占比则仅为 1.76%。鄂尔多斯高原与河套平原，以及黄土高原西部的 NPP 值最低，普遍低于 200 克碳/平方米/年，且其中约有 70% 面积的 NPP 未发生显著变化。下游地区（约 113.5°E 以东）的 NPP 同样变化不显著，仅有 8.74% 的区域发生显著变化。黄河流域 NPP 以增加为主的趋势也和其他与黄河流域有空间交集的 NPP 趋势研究中发现的结果一致（贺振等，2013; Gang *et al.*, 2015; Liu *et al.*, 2015; 王姝等，2015）。气候变化与人类活动的共同作用是导致 NPP 增加的原因，其中人类活动方面，1999 年起开始施行的退耕还林（草）工程对黄土高原的固碳能力起到了较大的推动作用（邓蕾，2014），这在一定程度上解释了为什么黄土高原在变干（图 4-2（d）～（f）），而

NPP 却显著增加（图 4–21（b））。

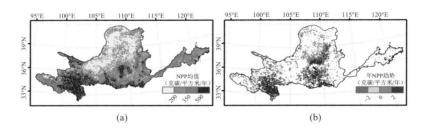

(a)   (b)

图 4–21　1982～2010 年黄河流域 NPP 多年均值和显著（$p < 0.05$）趋势

把全区域的 NPP 逐年求月均值序列，绘制 29 条 NPP 年内序列
曲线（图 4–22）。NPP 月值表现出明显的年内变化差异。从 1 月到 7
月或 8 月，NPP 月值持续增加，之后逐渐下降到 12 月。冬季（12
月～2 月）的 NPP 值最低，12 月 NPP 和 1 月 NPP 几乎为 0。其中 1
月 NPP 常年在 1 克碳/平方米/年以下，12 月 NPP 只在 29 年中的 4
年有超过 1 克碳/平方米/年的情况，2 月 NPP 也仅有 1.10±0.41 克碳/

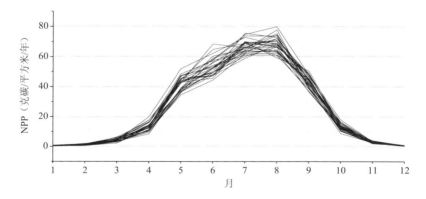

图 4–22　1982～2010 年黄河流域 NPP 区域均值的各年年内变化曲线

平方米/年。NPP 峰值出现在夏季（6 月～8 月）的 7 月和 8 月，分别可达 66.86±4.27 克碳/平方米/年和 68.25±5.11 克碳/平方米/年。此外，春季 NPP（19.92±16.53 克碳/平方米/年）略高于秋季 NPP（19.80±17.49 克碳/平方米/年）。

三、NPP 与 SPEI12 的偏相关关系

对每个月的 NPP 与 SPEI12，分别在各个格点，以月均温和月辐射为控制变量，计算偏相关系数（图 4–23）。结果发现，4～10 月的显著（$p<0.1$）偏相关系数有较为一致的空间分布特征，即主要以正相关为主，负相关只出现在西南部的青藏高原地区。而 1～3 月和 11 月、2 月的偏相关系数空间分布则相对不同，不仅正负相关的区域面积相当，而且正相关或负相关出现的位置不规律。在温带地区，为了方便计算和不同区域之间的对比，一般默认植被的生长季为 4～10 月（Yuan *et al.*, 2015; Alemu and Henebry, 2016），尽管事实上植被生长季并非是统一的（Dai *et al.*, 2014）。而且，黄河流域各年 4～10 月的 NPP 总值通常占年 NPP 值的 96% 以上，平均为 97.01±0.49%（图 4–22）。因此，本节中关于干旱对 NPP 的影响只关注生长季期间（4～10 月）的部分。从 4～10 月的偏相关系数空间分布来看，干旱对 NPP 主要产生消极影响，而在青藏高原地区，发生在 7 月的干旱对 7 月的 NPP 则可能产生积极影响。这可能是因为该地区本来湿润程度较高（图 4–2a-c），且 7 月降水充沛，因此干旱的发生可能有利于增加期间的日照时数，因此对 NPP 产生积极作用。

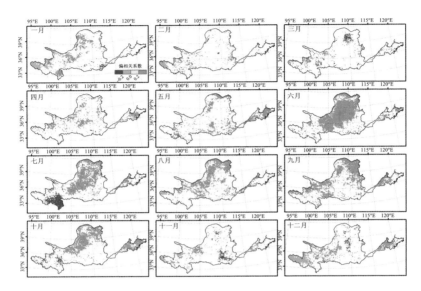

图 4-23　1982~2010 年黄河流域各月 NPP 与 SPEI12 的显著（$p < 0.1$）偏相关系数
（以月均温和辐射为控制变量）

四、NPP 响应干旱的脆弱性

（一）研究方法

研究区的退耕还林工程是从 1999 年开始逐步推行的，而 MODIS 土地覆盖数据自 2000 年开始逐年公布。因此，根据 2000~2010 年的 MODIS 数据，确定期间黄河流域未发生植被类型改变的格点，然后去除永久湿地、荒地、水覆盖、积雪覆盖、冰覆盖、城市和建筑用地等格点后，以剩余的植被格点区域（以下称为"植被类型稳定区"）为对象进行 NPP 响应干旱的脆弱性研究，可以尽可能地减少因退耕还林工程等土地利用变化造成的干扰。植被类型稳定区的格点植被类型主要分为森林、灌丛、草原和农用地四大类（表 4–6）。森林的面积占比较小，但 NPP 最高；灌丛的面积占比非常小，而且 NPP 值也最低；草原的面积占比最大。

表 4–6 黄河流域植被类型稳定区的四大植被类型信息

植被大类	MODIS 土地利用类型	流域面积占比（%）	NPP（克碳/平方米/年）
森林	落叶阔叶林、混交林	3.11	500.25
灌丛	郁闭灌丛、稀疏灌丛	0.02	131.01
草原	多树草原、稀树草原、草原	62.54	299.34
农用地	农用地、农用地/自然植被镶嵌地	20.35	328.38

生态系统脆弱性可以通过生态系统在灾害状态时与正常状态时的表现差异来指示（Van Oijen *et al.*, 2013; Van Oijen *et al.*, 2014）。因此，对植被类型稳定区的每个格点，把干旱发生时的月 NPP 和同月但未发生干旱时期的 NPP 进行比较，进而用这个差异（下文统称为"异常"）来指示植被 NPP 响应干旱的脆弱性。负异常表示植被 NPP 对干旱脆弱，且负异常的绝对值越大，脆弱性越高。并且，为了便于不同植被类型间的干旱脆弱性对比，对 NPP 异常进行均一化处理：

$$A = (\mathrm{NPP}_d - \frac{1}{N}\sum_{i=1}^{N}\mathrm{NPP}_{wd}^i)\,/\,(\mathrm{NPP}_{max} - \mathrm{NPP}_{min}), \qquad （式 4-12）$$

$$V = \begin{cases} 0, & A \geqslant 0 \\ -A, & A < 0 \end{cases}, \qquad （式 4-13）$$

式中，A 是均一化 NPP 的异常值，V 是 NPP 脆弱性，NPP_d 是干旱下的 NPP，NPP_{max} 是 NPP 最大值，NPP_{min} 是 NPP 最小值，NPP_{wd}^i 是同个月但在第 i 个不干旱年的 NPP，N 是这个月不干旱年的总年数。

（二）脆弱性的年内分布

对四大植被类型的格点，分别利用（式 4–12）统计每个月的 NPP 均一化异常（图 4–24）。不管是哪种植被类型，生长季期间（4～10 月）NPP 对干旱的响应总体比非生长季期间的 NPP 更脆弱。森林区域各月发生干旱的年数均较高，普遍在 6 年以上，但生长季 NPP 只在 5～7 月表现出对干旱事件的脆弱性，均一化 NPP 异常分别为 –0.024±0.021、–0.003±0.021 和–0.001±0.028，可见只在 5 月表现出明显的脆弱性。灌丛区域且发生干旱的年数在四大植被类型中最少，生长季各月的干旱年数普遍低于 5，但对干旱的响应最为脆弱。然而灌丛区域的流域面积占比非常小（0.02%），因此结果的不确定性较高。草原和农用地的生长季各月干旱发生年数相近，干旱造成的各月均一化 NPP 异常也相似，主要在 5～12 月表现出脆弱性，且农用地的脆弱性更高。把各月的均一化 NPP 负异常累加后求绝对值得出 NPP 的干旱脆弱性，则森林、灌丛、草原和农用地的脆弱性分别为 0.04、0.20、0.10 和 0.16。生长季期间，森林和农用地均在 5 月最脆弱，灌丛在 4 月最脆弱，草原则在 9 月最脆弱。灌丛对 12 月尺度的干旱响应比其他植被类型敏感，也与其他区域的研究结果一致（Li *et al*., 2015b; Deng *et al*., 2020a）。农用地是 NPP 响应干旱第二脆弱的植被类型，而且农用地的生产量关系到粮食安全问题，因此需对农用地的干旱风险管理保持高度重视。森林生态系统具有深根系统，可以通过吸收和维持大量水分来抵御干旱事件的影响（Teuling *et al*., 2010），是其 NPP 干旱脆弱性在四大植被类型中最低的关键原因。

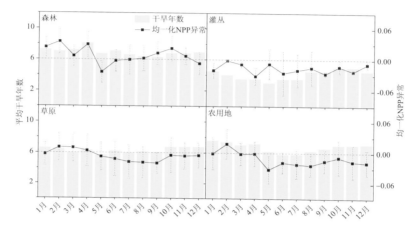

图 4–24 1982~2010 年黄河流域四大植被类型的平均干旱年数（柱）和均一化 NPP 异常（点线）的月值序列。灰色误差棒为标准差，红色虚线为均一化 NPP 异常的 0 值线。

（三）NPP 响应干旱的脆弱性曲线

对每个格点，计算每次干旱事件下的 NPP 脆弱性，然后把每种植被类型格点的脆弱性进行汇总，分别统计脆弱性随干旱持续时间和干旱强度变化的分布（图 4–25）。持续时间越长或强度越高的干旱事件有越少的样本量。在森林和农用地，当干旱持续时间少于 20 个月，NPP 脆弱性随干旱持续时间的增加而增加，而当持续时间超过 20 个月后，脆弱性逐渐发生下降（图 4–25（a），（d））。这种先增后减的峰值式脆弱性曲线说明森林和农用地对于长持续时间的干旱具有一定的适应力，且均对持续时间为 20 个月的干旱事件最敏感。灌丛和草原的 NPP 脆弱性则随干旱持续时间的增加而增加（图 4–25（b），（c）），而且灌丛的增加趋势更明显。但灌丛的样本量非常小，

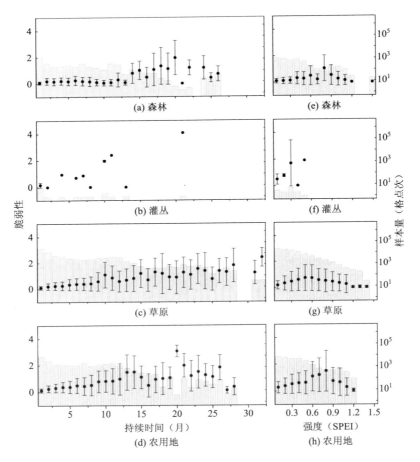

图4-25 1982~2010年黄河流域四大植被类型的不同干旱持续时间和干旱强度下的 NPP脆弱性（点）及样本量（柱）

持续时间超过 10 个月的干旱事件仅有 3 格点次，且其中一次干旱事件下 NPP 没有表现出脆弱性，因此难以下定其在长持续时间干旱下具有高脆弱性的结论。因此，如果以适应长持续时间的干旱事件为目的，则需多关注草原生态系统的干旱脆弱性研究，加强对草原生态系统的干旱监测和预估，发展面向长持续时间干旱的草原管理方案和适应技术等。

除了样本量不足的灌丛外，其他植被类型的 NPP 均表现出随干旱强度的变化先增后减的分布特征，说明这三类植被 NPP 随着干旱强度的增加也表现出脆弱性（图 4–25（e），（g），（h））。但是这种分布的峰值对应的干旱强度在不同植被类型间有差异。森林和农用地的脆弱性峰值均出现在 0.8 强度下，草原的脆弱性峰值则出现在 0.5 强度下。值得注意的是，农用地 NPP 的干旱脆弱性较森林和草原的高。因此，农用地的干旱脆弱性研究和干旱适应技术发展不可怠慢。这也从生态系统的干旱脆弱性差异方面证明退耕还林工程有助于研究区生态环境恢复，是科学的生态系统管理工作。

第五章　黄河流域干旱风险评估

在气候变化的背景下，频发的干旱灾害对社会可持续发展和人类安全提出严峻挑战，而干旱风险评估是防灾减灾的重要基础，因此成为学术界和国际社会共同关注的焦点。为了更好地认识和应对黄河流域面临的干旱风险，本章开展黄河流域的干旱风险评估研究。本章研究中以黄河流域的干旱事件特征为致灾因子危险性，利用指标体系构建法模拟承险体的脆弱性和暴露度，在此基础上通过构建区域干旱风险指数，识别高风险区分布，预估未来黄河流域干旱风险变化特征。

第一节　黄河流域干旱危险性分布

一、研究方法

（一）干旱特征分析

致灾因子危险性用根据标准化降水蒸散指数识别的干旱事件的基本特征表示。依据典型浓度路径（Representative Concentration

Pathways, RCPs）中的最高排放情景 RCP8.5 下的多模式气候数据（详见第二章），模拟了 2011～2099 年黄河流域的逐年逐月逐格点的 12月尺度 SPEI（SPEI12），空间分辨率均为 0.5°×0.5°。基于 SPEI 的干旱等级划分（表 4-1），识别了黄河流域中期（2040～2069 年）和远期（2070～2099 年）的干旱事件，统计干旱的频次、持续时间和强度等干旱特征的多模式均值，并与第四章的基准期黄河流域干旱特征进行对比，分析干旱的距平特征。然后逐月判断各格点的干旱等级，继而预估未来黄河流域及流域内区域的各级干旱面积变化。

（二）干旱危险性指数

为了综合干旱的频次、持续时间和强度这三大基本特征而得出一个综合的干旱危险性指数（Drought Hazard Index, DHI），参考艾哈迈德·阿里波等（Ahmadalipour *et al.*, 2019）把研究时段内低于阈值的月 SPEI 进行累加的算法，对各格点分别计算逐次干旱事件的干旱严重程度。干旱严重程度是干旱事件期间干旱指标高于或低于阈值部分的累加和（Zhang *et al.*, 2015），在本研究中则是干旱事件期间SPEI12 低于-0.5 部分的累加和，所以是综合了干旱持续时间与干旱强度的指标。在此基础上，在各格点分别对基准期、中期和远期的所有干旱事件的干旱严重程度求和，即得到综合了三大干旱特征的DHI。最后为了和基于行政单元统计的脆弱性和暴露度指标的空间尺度一致，参考艾哈迈德·阿里波等（2019）以国家覆盖格点的平均干旱状况表征国家干旱状况的做法，按地级单元（地级单元的选择过程见下节）统计其所覆盖格点的 DHI 均值，作为各地级单元的DHI。

二、未来干旱特征分布

21 世纪中、远期，黄河流域不同干旱特征的空间分布存在很大的差异（图 5–1），而且与基准期的分布特征也存在较大差异（图 4–8），相对于基准期水平的距平百分率又有不一样的分布特征（图 5–2）。流域西南部，即青藏高原东北部在中期仍然是干旱的高发区，此外黄土高原、下游地区，以及流域中北部的鄂尔多斯高原与河套平原南部也可能成为中期干旱高发区，但在远期只有流域中南部偏西部为干旱高发区（图 5–1（a），（d））。流域西南、西北及下游等区域的远期干旱频次比中期干旱频次小，是因为中期较多发的短期干旱事件到了远期因非干旱期间的持续缩短而彼此连接为长期干旱事件。比如在黄河流域的下游，中期干旱事件以高频次和短持续时间为主，到了远期变为低频次但长持续时间的干旱事件为主。虽然流域北部可能不是未来中远期干旱频次最高的区域，但其距平百分率可能在整个流域最高，中、远期可能将分别有 10.17%和 3.00%面积的干旱频次比基准期多至少 0.5 倍（距平百分率≥50%）（图 5–2（a），（d））。青藏高原东北部虽然在中期仍可能是流域的干旱高发区，但其中可能将分别有 63.05%和 81.61%面积区域的中期和远期干旱频次低于基准期。

干旱持续时间可能在未来显著延长，尤其是在远期（图 5–1（b）（e））。黄河流域的干旱持续时间高值区（≥10 个月）可能依然是基准期的流域北部和下游为主，但可能发生扩张，尤其是在远期，高值区的面积占比相应地从基准期的 16.95%分别扩张到中期的 29.35%和远期的 69.21%。而且，在基准期和中期都几乎没有的持续时间超过 12 个月的干旱事件，在远期可能于流域西北和下游区域出现，且面积占比不低（43.25%）。干旱平均持续时间的延长来自两种途径，一种是各个干旱事件的持续时间发生延长，另一种是多个干旱事件随着持续时间的延长而在时间纬度上相接成单个长持续时间的干旱事件。第二种在远期更为多发，比如在持续时间高于 12 个月的区域内的平均干旱频次（12.89±1.92 次）比同样区域的中期平均干旱频次（14.76±1.04 次）少。虽然中、远期大部分区域（76.21%、94.63%）的干旱持续时间将可能高于基准期水平，但流域的 110°E 附近及下游有部分区域表现为负距平（图 5–2（b），（e））。除了负距平区域外，远期持续时间距平百分率的空间分布与持续时间的空间分布规律相似。

　　未来黄河流域的干旱强度也可能明显增强，强度超过 0.4SPEI 的区域在基准期的流域面积占比仅为 55.60%，而到中期和远期可能将分别扩张到 89.02% 和 98.82%（图 5–1（c），（f））。届时流域西南部可能不再是干旱强度的高值区，流域西北部可能成为中期的干旱强度高值区，流域西北部、北部及下游地区可能在远期成为干旱强度高值区。按干旱分级的 SPEI 阈值，强度为 0.5SPEI 以上的干旱对应的是中旱以上的干旱事件。因此远期黄河流域可能有大面积（81.20%）的中旱以上干旱事件，且这些干旱事件发生区域的干旱频次和持续时间可能分别高达 14.53±2.42 次和 14.71±6.65 月。青藏高原东北部、黄土高原北部、鄂尔多斯高原与河套平原、流域下游等区域可能是黄河流域 21 世纪末的干旱高危险区，可能有最高的干旱持续时间危险性和干旱强度危险性。干旱强度的距平百分率空间分布规律与干旱强度的空间分布规律相近（图 5–2（c），（f）），中、远期可能仅有 27.49% 和 5.20% 面积的区域表现为负距平，主要分布在流域南部边缘。因此从整个流域来看，干旱强度在中、远期可能将分别比基准期高 14.86%±21.27%和 42.67%±33.72%。

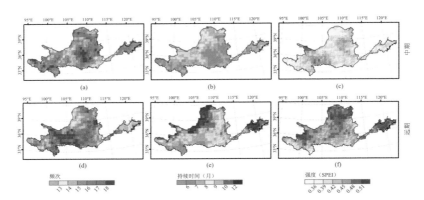

图 5–1　RCP8.5 情景下黄河流域中期（2040～2069 年）和远期（2070～2099 年）各干旱特征的空间分布

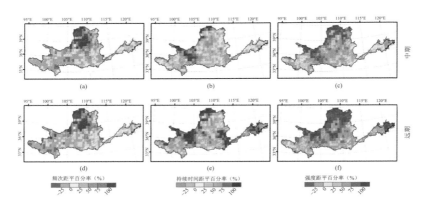

图 5–2　RCP8.5 情景下黄河流域中期（2040～2069 年）和远期（2070～2099 年）各干旱特征相对于基准期（1981～2010 年）的距平百分率

综上所述，黄河流域在未来 RCP8.5 情景下可能有大面积区域的干旱危险性发生增加，且远期比中期的干旱危险性更高。这对黄河流域的干旱防范和减灾等工作提出挑战，有必要开展未来干旱灾害脆弱性评估研究。除了重点关注预估的未来干旱特征高值区外，未来干旱特征距平百分率的高值区也需要做好充足的干旱风险管理准备。这些重点区域包括流域的北部、西南部和下游。此外，不同区域的干旱风险研究和干旱应对的侧重点可能有所不同，建议重点考虑目标区域突出的干旱特征和技术薄弱的应对领域。

三、未来干旱面积变化

为了展示黄河流域不同区域的各级干旱面积状况，根据九个沿黄省（区）的行政边界把黄河流域划分为九个区域并按自西向东的顺序进行命名（图 5-3）。

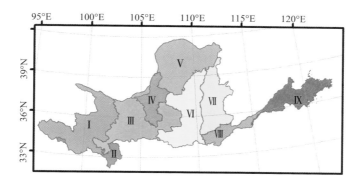

图 5-3　黄河流域的区域分布

黄河流域及各区域的各级干旱面积占比在 RCP8.5 情景下总体呈增加趋势（图 5-4）。全流域干旱面积从 2021 年 1 月到 2099 年 12 月预计以平均 174.70 平方千米/月的速度增加，其中轻旱面积缓慢减少（-40.34 平方千米/月），中旱、重旱和特旱面积预计分别以平均 28.38

平方千米/月、80.82 平方千米/月和 105.85 平方千米/月的速度增加。其中，区 V 的干旱面积可能增加得最快（49.34 平方千米/月），区 VIII 的干旱面积可能增加得最慢（4.37 平方千米/月），区 II 的干旱面积可能减少（–1.51 平方千米/月）。而随着典型浓度路径下的气候变化发展，在 2050 年 1 月到 2099 年 12 月期间，预计全流域的干旱面积增加速率可能提升至 327.69 平方千米/月，其中轻旱、中旱、重旱、特旱面积的变化速率分别可能变化至–53.51 平方千米/月、37.29 平方千米/月、135.71 平方千米/月和 208.20 平方千米/月。届时各区域的干旱面积增加速率可能均将提升，区 II 的干旱面积变化可能由下降变为增加（2.68 平方千米/月），而区 V 的干旱面积增加速率仍可能是流域内最高值（66.58 平方千米/月）。

大约在 21 世纪 30 年代末至 21 世纪 40 年代中期之间，流域内各区域的干旱面积占比可能将出现一个偏高峰，尤其是在区 V、VI 和 VII，在 2039 年 1 月至 2044 年 12 月期间的平均干旱面积占比分别为 57.41%±11.25%、60.55%±12.16%和 61.36%±14.20%，且中旱以上干旱的面积可能分别高达 41.31%±10.11%、38.64%±14.20%和 42.95%±12.12%。在 21 世纪 60 年代末至 21 世纪 70 年代初，主要在流域内的区 III、IV、V、VI 和 VII 等地可能出现一个相对短期的干旱面积占比高峰。五个区域的干旱面积占比均在 2069 年 7 月至 2071 年 4 月期间维持在 50%以上，且均在 2069 年 8 月至 2070 年 6 月期间维持在 80%以上。期间干旱面积占比可能分别高达 88.06%±3.58%、98.16%±2.45%、93.37%±3.51%、85.85%±2.79%和 85.58%±2.75%，且中旱以上干旱的面积可能分别高达 72.28%±2.51%、89.56%±4.36%、82.54%±3.44%、75.53%±3.10%和 68.58%±2.22%。在这时期之后，流域内除区 II 外的各区域干旱面积和强度可能维持在较高的水平。其中，21 世纪 70 年代中后期及 21 世纪 80 年代中期区 IX 的干旱面积占比可能高于流域内其他区域，在 2076 年 8 月至 2086 年 7 月期间的 120 个月中有 108 个月的干旱面积占比在 50%以上，且只有 2083 年 7 月在 45%以下（44.98%），而中旱以上面积占比在 40% 以上的时期共 96 个月。在 21 世纪 90 年代，流域内干旱事件在除区 II 外的其他区域大面积爆发，且干旱强度可能整体高于 21 世纪其他年代。从整个流域来看，21 世纪 90 年代的平均干旱面积占比预计达 60.22%±9.31%，其中中旱、重旱和特旱的面积占比预计分别为 15.52%±4.05%、15.67%±4.95%和 15.48%±6.10%。

为了预估未来干旱面积增加的年内分布特征，统计流域内各区域的中（2040～2069 年）、远期（2070～2099 年）各级干旱事件面积占比的各月均值，并计算相对于基准期值的距平（图 5–5）。不论是在哪个区域，中期或远期，在各级干旱事件中，特旱事件的区域面积占比在年内各月间的差异普遍较小，轻旱和中旱事件的差异则普遍较大。对于轻旱事件，中期和远期的面积占比距平没有明显差异，面积占比增加主要发生在夏季（6～8 月），而冬（12～2 月）、春（3～5 月）两季的面积占比距平最小。其中，区 II、III 和 IX 等地的冬春季轻旱面积占比主要表现为距平，主要是因为基准期的部分轻旱区域到了中远期转变为中旱以上区域，而从基准期无旱区域转变为轻旱的区域面积又相对较小。对于中旱以上的干旱事件，除区 II 外，远期的干旱面积占比可能均高于中期水平，中旱面积增加多发生于春季，重旱和特旱面积增加的季节差异则在不同区域内有所差异。

综上，黄河流域在未来 RCP8.5 情景下的干旱面积可能发生增加。综合利用预估的干旱高发期和关键区域等信息，有助于因地制宜、突出重点，集中力量投入关键区域的防旱、抗旱和救灾工作，也有助于预判旱情可能对各部门行业造成得到损失及影响时期，进而提高预警管理和灾情应对方案的准确性和效率，实现抗旱工作的快速部署和高效有序执行，可更大程度地减少干旱造成的损失，保障区域社会经济的可持续发展。

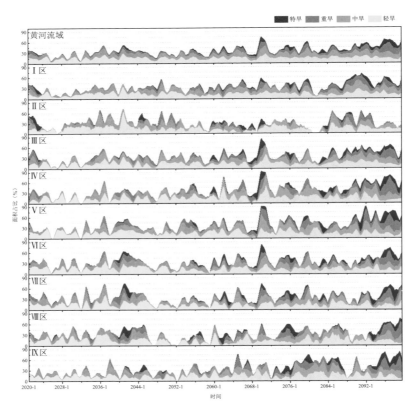

图5-4 RCP8.5情景下黄河流域及流域内各区域的未来干旱面积占比变化

注：时间序列经过11月滑动平均处理。

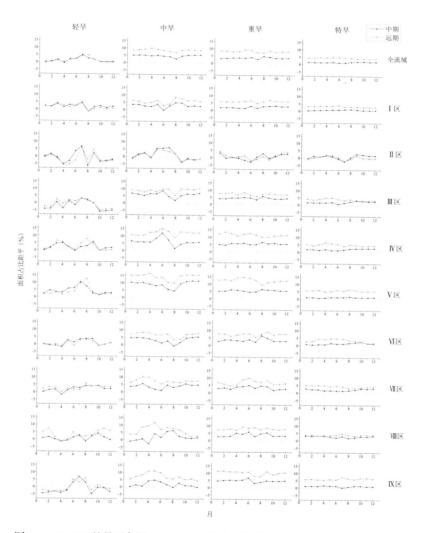

图 5–5　RCP8.5 情景下中期（2040～2069 年）和远期（2070～2099 年）黄河流域及
流域内各区域的各级干旱面积占比相对基准期（1981～2010 年）的距平

四、基准期与未来的干旱危险性指数

根据方法描述，计算了基准期与 RCP8.5 情景下中、远期黄河流域的干旱危险性指数（DHI）（图 5–6）。从基准期到中、远期，DHI有明显的逐步增加趋势，尤其是在流域的北部、西北部和下游地区。在基准期黄河流域各地的 DHI 在 70SPEI 以下，且分别有 57.69% 和 7.69% 地级单元的 DHI 在 50SPEI 和 40SPEI 以下。但是在中期整个流域最小的 DHI 可能都有 47.94SPEI，大部分（86.54%）地级单元的 DHI 增加至介于 50SPEI 和 100SPEI 之间。远期的干旱事件可能会更加严重，DHI 低于 80SPEI 的区域缩减至流域 11.54% 的地级单元上，并可能有 51.92% 地级单元的 DHI 超过 100SPEI。然而基准期最高的 DHI 都不到 70SPEI。所以 RCP8.5 情景下，黄河流域的大部分区域可能在中、远期遭遇基准期所没有遭遇过的干旱影响，且远期更甚。

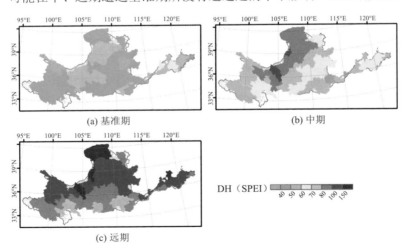

图 5–6　基准期（1981～2010 年），以及 RCP8.5 情景下中期（2040～2069 年）和远期（2070～2099 年）黄河流域的干旱危险性分布

第二节　黄河流域干旱脆弱性评估

脆弱性是指系统对暴露于压力和危险中的伤害的敏感程度（Adger, 2006; Birkmann, 2007）。它反映了系统无法适应所经历冲击的不利影响的程度（Füssel and Klein, 2006; Mohmmed *et al.*, 2018）。因此脆弱性评估对黄河流域水资源管理具有重大意义。脆弱性通常由暴露成分和对扰动和外部压力的敏感性构成（Parry *et al.*, 2007; Birkmann *et al.*, 2013; Koutroulis *et al.*, 2018）。由于潜在的脆弱性不同，具有相同危害水平的自然灾害可能在不同地区造成不同的后果（Vicente-Serrano *et al.*, 2012a）。

一、脆弱性评估指标体系

在脆弱性研究中，建立合适的脆弱性评估指标体系，进而利用指标加权等统计方法综合成脆弱性指数，是开展区域脆弱性评估的有效途径之一（李鹤等，2008）。由于领域背景和研究目的等的差异，不同学者对评估指标体系的定义均有各自的研究角度和重点，未能在对脆弱性这一复杂和综合的概念的量化表征上达成一致。虽然脆弱性评估的指标体系法并没有且没必要形成一套统一的标准，但有必要通过一个合适的框架来系统整理脆弱性指标体系应有的组成和结构。根据脆弱性的理论内涵和现实特征，其评估指标体系应该反映目标区域的社会经济系统与环境间复杂而多样的相互作用（Nauman *et al.*, 2014），涵盖可能对脆弱性过程产生影响的维度和变量（Rufat *et al.*, 2015; Diaz-Sarachaga and Jato-Espino, 2020），并最好考虑评估结果的适用性、参考价值和政策含义等（Marshall *et al.*, 2014）。从具体构成来看，指标体系应包含对暴露度、敏感性、应对能力和适应能力等方面的一些度量（Birkmann, 2007; Glick and Stein, 2011）。需要注意区别的是，这里涉及关于暴露度的度量，是指一些变量的暴露度特征会影响到脆弱性，进而将其引为脆弱性评估指标，而不是关于对应变量的暴露度计算。

　　然而，建立一个全面反映上述特征的干旱脆弱性评估指标体系是非常困难的，有关的自然和社会经济参数等也很难获取完全，并且难以检验指标体系是否真的完全反映脆弱性涉及的各个方面。因此一般的策略是在保证指标具有代表性的基础上，使设定的指标相对简单以保证数据的可获取性及结果的可对比性，并尽可能保证指标的客观性（Nardo *et al.*, 2008）。这意味着干旱脆弱性评估指标体系的设定是一个综合衡量上述各项状况后得出的结果。瑙曼等（Nauman *et al.*, 2014）构建的非洲国家干旱脆弱性评估指标体系是一个典型代表。在该指标体系中，首先依据干旱脆弱性取决于环境限制、管理结构、经济发展、技术支持等的客观规律，在组分设置上包含了代表可持续发展的社会、经济和环境三大方面，以及与农业和水资源管理相关的技术和设施方面。然后在基于可获取性进行指标选择时，由于研究对象是各个国家，选择了联合国粮农组织（Food and Agriculture Organization of the United Nations, FAO）、世界银行（World Bank, WB）和联合国（United Nations, UN）等组织可提供的国家级层面的公共数据指标。卡拉奥等（Carrão *et al.*, 2016）以瑙曼等（2014）构建的脆弱性评估体系为主要参照，把评估工作拓展到全球尺度。因此其全球干旱脆弱性指标体系在构建过程中采用了相似的方案，除了设定对任何灾害脆弱性都可能产生影响的社会经济发展因素，即反映人口、经济、健康、教育和政府等方面的一般性指标以外，还设定了与干旱灾害相关的农业发展与水资源管理指标，并将指标组织成经济、社会和基础设施三大组分。

上述两套指标体系都遵循了联合国国际减灾战略署（United Nations International Strategy for Disaster Reduction, UNISDR）提出的脆弱性框架，即明确脆弱性是由各种物理、社会、经济和环境因素引起的，反映着个人、社区、资产和基础设施等状况（UNISDR, 2004, 2009）。并且这两个研究在反映社会经济发展的预期寿命、教育程度和收入水平等指标设定中借鉴了联合国开发计划署（The United Nations Development Programme, UNDP）创立的人类发展指数（Human Development Index, HDI）的指标组成（Programme, 2013）。适当的理论框架和标准化的指标设定使这两份干旱脆弱性评估工作更具有科学意义和应用价值，进而得以被借鉴于其他区域或对象的干旱脆弱性评估研究中（王莺等，2014; Tánago *et al.*, 2016; Jorge *et al.*, 2017; Naumann *et al.*, 2019）。因此，在本节脆弱性评估研究中，选择综合参考瑙曼等（2014）和卡拉奥等（2016）的指标体系，以 UNISDR 的脆弱性框架为指导，从黄河流域的社会经济背景和环境特征出发，并综合考虑评估的科学性、客观性、适用性和数据可获取性等，构建一套黄河流域干旱脆弱性评估指标体系。通过对《统计年鉴》和《水资源公报》等资料的搜集调查，按以上准则对干旱脆弱性指标进行删减、增补或替换，最终确定的指标体系由水资源管理、社会压力、经济能力和技术发展四大组分，及各组分下的 13 个指标构成（表 5–1）。其中社会压力、经济能力和技术发展三方面的干旱脆弱性较易于理解，即：人口越多、越密集则水资源压力越大，干旱脆弱性越高；经济和技术发展得越好则对干旱的防范能力越强，脆弱性越低。而从水资源管理角度，脆弱性可理解为水资源系统在面对干旱时难以发挥作用的弱点和缺陷的特征（UNEP, 2009）。本研究把评估对象设定为黄河流域部分的面积占比超过 50%的地级行政单元，然后确定下来 8 个省级单元下的 52 个地级单元。最终，通过搜集、计算和整理出指标体系下各指标的 2009～2018 年逐年数据。

表 5–1　黄河流域干旱脆弱性评估指标体系

组分	指标	贡献	含义	换算过程
水资源管理	平均降水（毫米）	－	与水资源管理的需求相关。降水越多，管理需求越少。	—
	总用水占比（水资源总量的%）	+	衡量社会对当地可再生水资源压力的一个指标。	总用水量/水资源总量×100%
	农业用水占比（总用水量的%）	+	衡量农业部门对水供应量的依赖程度。值越高，依赖程度越高。	农业用水量/总用水量×100%
	耕地面积（平方千米）	+	耕地面积越大，水资源管理压力越大。	—
	灌溉面积占比（耕地的%）	－	直接与较低的脆弱性相关。	灌溉面积/耕地面积×100%
	单位面积灌溉用水（千平方米/公顷）	－	直接与较低的脆弱性相关。	灌溉用水/灌溉面积
社会压力	人口（万人）	+	人口越多，压力越大。	—
	农村人口（万人）	+	反映城市化进程，农村人口越大，发展压力越大。	—
	人口密度（人/平方千米）	+	人类对水资源压力的一个指标，人口密度越高干旱的脆弱性越大。	人口/面积

162

续表

组分	指标	贡献	含义	换算过程
经济能力	人均 GDP（万元）	−	反映经济能力与社会福利，与较低的脆弱性相关。	GDP/人口
	农业 GDP 占比（%）	+	反映经济发展的指标，值越高说明经济结构越有待升级，且农业的水管理需求越大。	—
	能源利用（吨标准煤/人）	−	反映经济能力与社会福利，与较低的脆弱性相关。	总能耗/人口
技术发展	化肥消耗（每公顷耕地重量，吨）	−	是一种被广泛接受的衡量农业技术的指标，它被作为一个指标纳入了大多数农村发展研究。	化肥施用量（折纯量）/耕地面积

说明：贡献中，"+"和"−"分别表示指标与总体干旱脆弱性呈正、负相关关系。

二、脆弱性指标的综合方法

（一）指标的归一化处理

由于各指标之间的单位不同，量值差异非常明显。因此，在把多指标进行加权平均之前，需利用各要素的全部地级单元及全部年份的最大、最小值分别对各要素进行归一化处理，使它们都变为 0 和 1 之间的数值。需要注意的是，异常大或异常小的值对指标的归一化处理会产生明显影响。为了减少这种影响，在此参考阿里和哈米德（Ali and Hamid, 2018）的做法，把每个指标的离群值识别出来并使其不进入均一化过程。首先对各个指标，计算其 520 个数据（52 地级单元×10 年）的第一、三个四分位数，分别记为 $Q1$ 和 $Q3$。然

后用 $Q3$ 减 $Q2$ 得出四分位范围 IQR。最后，高于正常值上限（$Q3+1.5 \times IQR$）的指标识别为高离群值，低于正常值下限（$Q1-1.5 \times IQR$）的指标识别为低离群值。

考虑到指标与总体干旱脆弱性存在正、负两种相关关系，分别对两种指标采取两种归一化方法（Nauman *et al.*, 2014）。对于与脆弱性呈正相关的指标，若指标值为高离群值，则其归一化值为 1；若为低离群值，则归一化值为 0；若为非离群值则采用一般线性变换进行归一化：

$$Z_{i,j} = \frac{X_{i,j} - X_{\min}}{X_{\max} - X_{\min}} \qquad （式 5-1）$$

式中，$X_{i,j}$ 表示地级单元 i 在 j 年的某个指标值，$Z_{i,j}$ 为其归一化值，$X_{\max}$ 和 $X_{\min}$ 分别是全部地级单元及全部年份除离群值外的最大值和最小值。

而对于与脆弱性呈负相关的指标，因为指标值越高意味着越有利于降低脆弱性，故若指标值为高离群值，则其归一化值为 0；若为低离群值，则归一化值为 1；若为非离群值则采用以下方法计算归一化值：

$$Z_{i,j} = 1 - \left(\frac{X_{i,j} - X_{\min}}{X_{\max} - X_{\min}} \right) \qquad （式 5-2）$$

获取了各指标的归一化值后，对每个地级单元的每一年，基于各组分下指标的归一化值，利用算数平均方法计算各组分的归一化指标均值：

$$C_k = \frac{1}{n} \sum_{l=1}^{n} Z_l \qquad （式 5-3）$$

式中，C_k 为组分 k 的归一化指标均值，Z_l 为组分 k 下的第 l 个指标，

n 为组分 k 下的指标个数。

（二）指标加权方法

通过对多指标进行加权求和的方法有很多，不同的权重设定可能有不同的意义，并会对最终得到的干旱脆弱性指数（Drought Vulnerability Index, DVI）的值产生不同的影响。指标权重的设定没有一个统一或完美的方案。因此，本研究采用随机权重法来获取 DVI 的概率密度分布（Nauman *et al*., 2014; Ali and Hamid, 2018）。首先随机生成 1 000 组均匀分布的权重，然后对每年每个地级单元的四个 C_k 分别通过每组权重进行加权，在每年每个地级单元上得出 1 000 种方案的 DVI 值，进而以 1 000 种方案的均值表示评估的 DVI。最后，对每个地级单元，以 DVI 的多年均值来表示对应地区的干旱脆弱性状况。为了分析 DVI 中不同脆弱性组分的贡献，以四个 C_k 分别占 DVI 的比例来表达对应组分的脆弱性：

$$\mathrm{DVI}_{i,k} = \frac{C_k}{\sum_{m=1}^{4} C_m} \times \mathrm{DVI}_i \qquad （式 5\text{-}4）$$

式中，$\mathrm{DVI}_{i,k}$ 为地级单元 i 的组分 k 的 DVI，C_k 为组分 k 的归一化指标均值，DVI_i 为地级单元 i 的 DVI。

三、干旱脆弱性的分布与特征

（一）指标的多年均值空间分布

对于黄河流域的每个地级单元，分别统计各指标的 2009～2018 年多年均值。在黄河流域，降水整体呈从东南和南部的 600 毫米以上向北部和西北的 400 毫米以下递减空间分布规律。流域西南地区的总用水量占当地水资源总量的比例最低（＜20%），与青海湖巨大的水资源量有关。北部、西北和东南部分地区的总用水占比则较高（＞70%）。部分地区的水资源供给中有部分来自于引水工程。北部和西北的农业用水占总用水量的比例较高（＞70%）。东南部和中部则有多地低于 50%。流域中下游的耕地面积最多，西南地区的耕地面积最少，这与青藏高原东南部的气候环境及以畜牧业为主的第一产业特征有关。灌溉面积占比和灌溉用水均呈南北两边较高，中间较低的分布规律。不同之处在于前者的北部高值区整体低于南部高值区，后者则相反。中下游地区、流域南部及各省会的人口最多，中下游地区和流域南部的农村人口最多，下游和流域南部的人口密度最高，而流域西部、西北和北部在除省会外的其他地区的人口、农村人口和人口密度均较低。流域北部、下游及各省会的人均 GDP较高。农业 GDP 占比有西高东低的分布规律。人均能源利用的空间分布与人均 GDP 相近，主要差别在于中游地区的人均能源利用属于高值区。流域东南和中南部有较高的单位耕地面积化肥消耗量，西南地区则较低，同上述的当地耕地面积较少的原因相似，即当地的第一产业以畜牧业为主。综上可知，黄河流域各指标均有明显的区域分异，且空间分布规律各有特色，指标均一化和多指标加权法相结合可帮助认识多指标综合起来的干旱脆弱性指标空间分布状况。

（二）DVI 的时空分布

根据式 5-1～5-5 计算黄河流域各地级单元的 DVI 及各组分DVI，得出其空间分布（图 5-7～5-8）。黄河流域的 DVI 没有明显的空间分布规律，上、中、下游均有高、低不一的脆弱性区域。这是因为四个组分的 DVI 空间分布是不一致的。水资源管理方面的 DVI

表现出在流域西南地区最低（＜0.13），南部和下游较低，中部和北部最高（≥0.15）的空间分布特征（图 5-8（a））；社会压力方面的 DVI 表现出从上游（＜0.06）到下游（≥0.12）递增的规律（图 5-8（b））；经济能力和技术发展方面的 DVI 则与社会压力方面的 DVI 大概呈相反的规律，但流域中北部有部分区域的经济能力 DVI 很低（＜0.06）（图 5-8（c））；流域中南部有部分区域的技术发展 DVI 很低（＜0.08）（图 5-8（d））。所以在黄河流域，经济和技术的发展在一定程度上会伴随社会发展而带来的社会压力增加，而水资源分布不均和用水结构差异使水资源管理压力的区域分异较为复杂。在不同组分脆弱性特征空间分布规律不一致的情况下，加权求出的 DVI 的综合性和复杂性较高，故而表现出 DVI 高值区较为离散的分布特征。DVI 和各组分的 DVI 分布，可为降低黄河流域干旱脆弱性的工作提供重点区域指向和提供重点行业或部分指向。各地级单元的逐年 DVI 变化如图 5-9 所示，大部分地区的 DVI 都表现出下降的趋势。其中乌海市的 DVI 最低，常年低于 0.3，DVI 多年均值低于 0.4 的还

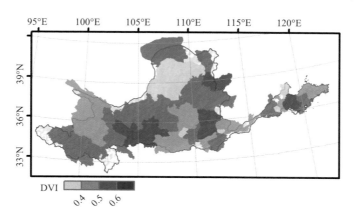

图 5-7　黄河流域 2009～2018 年 DVI 多年均值的空间分布

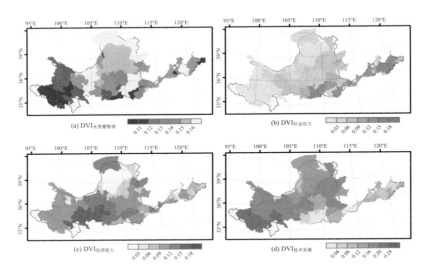

图 5-8 黄河流域 2009 ~ 2018 年各组分 DVI 多年均值的空间分布

有石嘴山市、东营市、济源市、铜川市、鄂尔多斯市、莱芜市和银川市。而且这些地区 DVI 较低的主要原因均是社会压力和经济能力方面的 DVI 很低，说明在黄河流域减少人口压力和发展社会经济是降低区域干旱脆弱性的重要途径。

（三）各组分 DVI 的贡献

为了对比各脆弱性组分对 DVI 的贡献，在各地级单元上统计各组分 DVI 多年均值在 DVI 多年均值中的占比作为其贡献（图 5-10）。各地级单元的 DVI 组分贡献形式大约形成两种类型，即在流域上游的地级单元和流域中下游的地级单元。

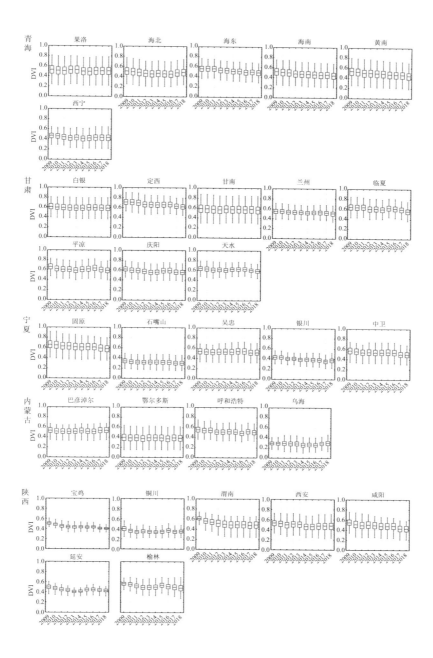

干旱时空演变与灾害风险

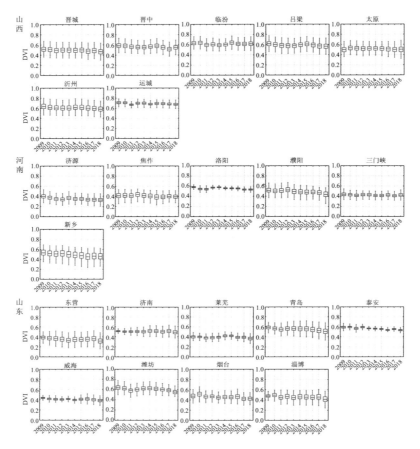

图 5–9 沿黄省（区）各地级单元 2009～2018 年随机权重法获取的 DVI 分布特征

注：图中红点表示 1 000 组权重方案的 DVI 的均值，箱图的上、下边分别表示第一、
三个四分位数（Q1、Q3），箱图上、下延长线的端点分别表示正常值的上、下限，
其数值分别为 Q3+1.5×IQR 和 Q1–1.5×IQR，其中 IQR 为 Q3 和 Q1 的差。

　　在主要分布于上游地区的青海、甘肃、宁夏和内蒙古等沿黄省
（区）的 23 个地级单元中，社会压力组分对 DVI 的贡献普遍低于

15%，且低于 10%的地级单元占了 15 个。但是在这 23 个地级单元中，技术发展组分对 DVI 的贡献普遍较高，除宁夏的石嘴山市以外贡献都超过 30%。因此这些地区的人口压力相对较小但技术发展可能相对不足。青海省的果洛州、海北州和黄南州是社会压力组分 DVI 贡献最低的 3 个地级单元，分别仅有 0.50%、1.11%和 1.19%，但它们的技术发展组分 DVI 贡献分别高达 49.38%、48.28%和 48.93%，呈现社会压力方面几乎不脆弱，但技术发展方面的脆弱性占总脆弱性的一半的特征。对于剩余的两个脆弱性组分，它们对 DVI 的贡献在这 23 个地级单元中主要是持平的关系，分别为 27.78%±6.48%和 25.21%±8.78%。但在西宁市、兰州市、银川市和呼和浩特市这四个省会城市中，由于相对于其他地级单元而言经济较为发达且生产生活用水需求较大，经济能力组分对 DVI 的贡献（17.60%±3.79%）要低于水资源管理组分的 DVI 贡献（30.66%±5.22%）。内蒙古的鄂尔多斯市和乌海市的经济能力组分 DVI 贡献比这些省会城市更低，分别只有 1.45%和 7.43%。虽然鄂尔多斯是整个流域技术发展组分 DVI 贡献最高的地级单元（50.42%），但技术发展 DVI 其实仅排第 12 名，其贡献高是因为当地整体脆弱性低，DVI 排第 47 名。此外，鄂尔多斯市也是整个流域水资源管理组分 DVI 贡献第二高的地级单元（40.53%），第一高的是石嘴山市（45.52%）。前者是水资源管理组分内各指标相对其他组分脆弱的结果，后者则主要与当地的水资源相对稀缺有关。

对于主要分布在中下游地区的陕西、山西、河南和山东等沿黄省（区）的 29 个地级单元，社会压力组分的 DVI 贡献（23.82%±9.69%）明显高于上游的地级单元，其中西安市的值甚至接近一半（46.49%），是中下游地区人口远多于上游地区的结果。其中又以山西的沿黄地级单元整体的社会压力组分 DVI 贡献低，平均为 15.61%±3.08%。这些中下游地级单元的技术发展组分 DVI 贡献整体比上游低，但并不低于其他组分的贡献且各单元之间差异较大，其中在 10%以下的有咸阳市（0.84%）、新乡市（3.17%）、渭南市（3.89%）、焦作市（7.11%）、西安市（7.89%）和濮阳市（9.16%）。山东沿黄地级单元整体的经济能力组分 DVI 贡献较低（16.70%±5.27%），尤其是在东营市（6.96%）和淄博市（9.43%）。中下游的水资源管理组分 DVI 占比和上游比较接近，多在 20%和 30%之间。

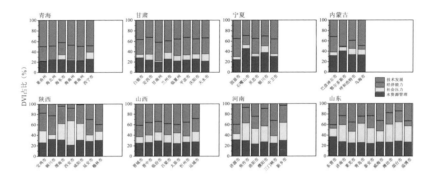

图 5-10　沿黄省（区）各地级单元 2009~2018 年各组分 DVI 占总 DVI 的比例

综上，中下游地区的社会经济和技术发展水平相对较高，因此经济能力组分或技术发展组分的 DVI 贡献相对于上游地区整体较低，但社会压力组分的 DVI 贡献相对较高，所以在降低脆弱性的研究工作或管理决策上需要做更多资源承载力方面的综合考虑。上游地区则因人口带来的社会压力 DVI 较小，发展空间较为富余，可通过提高社会经济和技术的发展水平来降低脆弱性。总之，不论是在流域的哪个区域，做好"生态—经济—社会"效益协调统一发展是降低干旱脆弱性的有效途径，也是落实黄河流域生态保护和高质量发展战略的根本路径（薛澜等，2020）。

第三节　气候变化影响下的黄河流域干旱风险

一、承险体的暴露度指标

根据风险评估的三要素理论，在计算出干旱的危险性，以及承险体的脆弱性后，还需要盘点和分析有多少对象被暴露于干旱之下，即暴露度。一般来说，区域暴露对象包括人、财产、农田、生态系统、建筑物、基础设施、建筑物等，但是不同灾害下的暴露度统计对象存在差异。例如，建筑在地震影响下具有倒损风险，但一般不会受到干旱影响，故而建筑物对于地震灾害而言存在暴露度，对于干旱灾害而言不存在暴露度。不同研究对干旱暴露度统计对象的定义也有各自的出发点，但总体可归类于人口、资产、农业、基础设施和生态这几个领域上（Peduzzi *et al.*, 2009; Zhang *et al.*, 2011; Carrão *et al.*, 2016; Ahmadalipour *et al.*, 2019）。上节的干旱脆弱性指标体系参考了卡拉奥等（2016）的研究，因此为了风险评估工作中脆弱性与暴露度的相互一致。本节参考卡拉奥等（2016）的暴露度指标，并考虑黄河流域内相关数据的可获取性和研究结果的指示意义，选择分别反映农业、人口和相对水需求的耕地面积占比（%）、人口总数（万人）、总用水占比（水资源总量的%）三个指标作为暴露度，分别用于计算农业风险、人口风险和用水风险。

通过查阅《统计年鉴》和《水资源公报》等资料，搜集整理出黄河流域每个地级单元的2009～2018年暴露度数据，并计算三个暴露度指标的多年均值（图5-11）。耕地面积占比、人口和总用水占比均有一定程度的东高西低分布特征，尤其是人口。总用水占比在流域的北部和西北部也是高值区。流域中南部的耕地面积占比和人口均比流域中北部的要高一些。流域西南地区是三种暴露度均较低的区域。耕地面积占比、人口和总用水占比分别在5%以下、100万人以下和20%以下，可能是因为当地的高原环境使人类活动较少，且有足够的可再生水资源（如青海湖）而使总用水占比较低。流域下游地区是三种暴露度的高值区，耕地面积占比、人口和总用水占比分别多在30%以上、400万人以上和60%以上，与当地的农业体量大和人口密度高等有关。

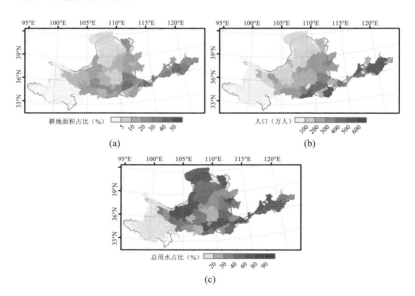

图5-11 黄河流域2009～2018年(a)耕地面积占比、(b)人口和(c)总用水占比的多年均值空间分布

二、干旱风险评估方法

干旱风险是由干旱的危险性、承险体脆弱性和暴露度决定的，可以通过三要素综合进行评估：

$$干旱风险 = DHI_i \times DVI_i \times 暴露度 \qquad （式 5\text{-}5）$$

式中，DHI_i 和 DVI_i 分别为地级单元 i 的干旱危险性指数（DHI）和干旱脆弱性指数（DVI），本研究的暴露度有耕地面积占比、人口和总用水占比。

在卡拉奥等（2016）的风险评估研究中，最后得出的是集成了多个承险体暴露度的综合风险，其中综合的过程发生在暴露度计算步骤，采用的是判断评估单元的暴露度是否处于所有单元"前沿"的数据包络分析（Data Envelopment Analysis, DEA）法（魏权龄，2000）。若采用 DEA 法，则只要地级单元的耕地面积占比、人口或总用水占比中有一项处于最高值就认为其有最高的暴露度，尽管其他两项可能非常低。然而从风险评估结果的指示作用出发，可能一个多项风险值总和形式的综合指标更能指示区域之间干旱总风险的高低差异，而对各单项高风险的指示则可通过各单项风险评估结果的空间分布图实现。因此，本研究除了利用式 5-5 分别评估农业风险、人口风险和用水风险外，还通过这三项风险计算出一个综合风险。首先分别对三项风险的均一化处理得出均一化值（式 5-1），再将三个均一化值进行等权平均得出综合干旱风险指数（DRI）。在指标分级方法中，均值—标准差法以指标的均值与若干倍数的标准差之和或差作为分级阈值进行等级划分，是一种常用且简单的方法，已在气候变化风险等级划分等工作中得到成功应用（刘毅等，2011；

Shi *et al.*, 2016; 吴绍洪等, 2017）。参考此法, 以黄河流域 DRI 的基准期均值和标准差确定综合风险的各级阈值, 把黄河流域综合风险划分为四个等级（表 5–2）。

表 5–2　黄河流域的干旱综合风险等级划分

风险等级	判断标准	DRI
极低	＜（均值–1 倍标准差）	(0, 0.043)
低	（均值–1 倍标准差）～（均值）	[0.043, 0.168)
中	（均值）～（均值+1 倍标准差）	[0.168, 0.293)
高	（均值+1 倍标准差）～（均值+2 倍标准差）	[0.293, 0.418)
极高	≥（均值+2 倍标准差）	[0.418, 1]

注: 均值和标准差特指基准期综合干旱风险指数（DRI）的均值和标准差。

三、干旱风险的分布及其未来变化

本研究的基准期、中期和远期干旱风险计算中, DHI 分别采用基准期、中期和远期的值, 但 DVI 和暴露度均采用 2009～2018 年的多年均值, 以反映整个区域的社会经济等状况维持在当前水平下, 不同气候变化阶段下的干旱风险。据此, 分别算出基准期、中期和远期的黄河流域干旱农业风险、人口风险和用水风险。评估结果显示, RCP8.5 情景下的中远期各项干旱风险均比基准期高（图 5–12）。基准期的农业风险在流域中南部及中下游较高; 人口风险从东南往西北呈递减的分布规律; 用水风险的空间分布与农业风险相似, 但高值区的重心相较而言更偏向于流域东南部。RCP8.5 情景下, 中期和远期的干旱风险分布相似, 且预计远期风险要更高一些。在基准

期已处于较高干旱风险的流域下游地区，各项干旱风险的水平可能
将在中远期进一步增加。基准期人口风险和用水风险不突出的中游
地区，未来中远期可能成为人口风险和用水风险的高值区。流域北
部和西北部在基准期属于用水低风险区，但其用水风险可能在中远
期明显增加，进而成为用水风险的高值区。流域西南地区的各项干
旱风险则可能一直维持在低风险水平。此外，基准期农业风险越高
的地方，未来耕地的干旱风险可能增加得越多，中下游地区可能也
是未来人口干旱风险增加的主要区域。相比于基准期，中期的用水
风险明显在流域的中部和北部增加最多，而到了远期流域下游地区
也可能成为风险高增长区。

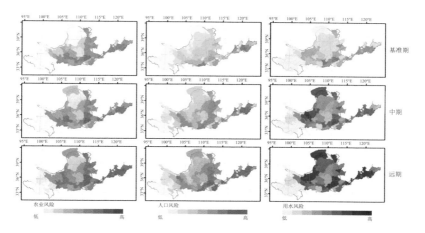

**图 5–12　基准期（1981～2010 年），以及 RCP8.5 情景下中期（2040～2069 年）和
远期（2070～2099 年）黄河流域的干旱农业风险（左列）、人口风险（中列）和用水
风险（右列）分布**

　　上述风险的变化特征表明，黄河流域的下游地区是干旱高风险
分布区，是干旱风险防范与治理工作需要持续关注的重点区域。中

游地区是人口和用水的未来潜在高风险区，是需要加大相关管理力度和建设投入的区域。流域北部和西北部可能是未来用水的风险爆发区，亟须聚焦干旱用水风险的评估、监测和干预等工作。从降低脆弱性的角度出发，加强经济发展和基础设施建设，合理控制人口数量、密度和结构，科学管理水资源的分配和利用效率，研究、开发农林牧渔产业的生产技术和节水技术，是降低未来干旱风险的有效途径。而且不同的区域应当因地制宜地采取干旱风险管理方法，综合采用减少危险性、降低脆弱性和减少暴露度的多维度措施组合。

集成了农业风险、人口风险和用水风险的黄河流域综合干旱风险等级划分更综合地指示出不同区域间及时段间的风险高低关系（图 5–13）。从基准期到 RCP8.5 情景下的中、远期，属于极低和低风险等级的地级单元数量在逐步减少。高和极高风险等级的地级单元显著增加（表 5–3）。在基准期，黄河流域的上游基本属于极低风险区和低风险区。属于这两种区的地级单元总数超过全流域地级单元的一半（59.62%）。中风险区的地级单元散布于流域的南部和中下游地区，是地级单元数量仅次于低风险区的风险等级。下游地区还有少数地级单元属于高风险区和极高风险区。其中属于极高风险区的是青岛市、潍坊市和运城市（图 5–13（a））。到了 RCP8.5 情景下的中期，预计除流域西南地区外的大部分地级单元的风险等级将提升，其中有 25 个地级单元可能提升 1 个风险等级，有 2 个地级单元可能提升 2 个风险等级，分别是甘肃省的平凉市和宁夏回族自治区的吴忠市从低风险区提升至高风险区。因此，中期黄河流域的极地和低风险区的地级单元数量可能减少到只剩 16 个，而高风险以上的地级单元数量可能增加到 19 个，届时中下游地区有可能成为高风险和极高风险主导的区域（图 5–13（b））。而远期的综合风险状况将更

为严峻，可能有 28 个地级单元的风险等级在中期的基础上再提升 1
级，而洛阳市、巴彦淖尔市、银川市、东营市、烟台市、吕梁市和
太原市可能从中风险区提升至极高风险区（提升 2 级）。其中共有 21
个地级单元的风险等级是从基准期到中、远期持续提升。另外，有 3
个地级单元的风险等级从中期到远期不发生提高是因为在中期可能
就已经属于极高风险区。所以到了远期，可能有近五成（48.08%）
的地级单元属于极高风险区。极低风险区和低风险区的地级单元或
将减少到只剩两成（19.23%）。届时黄河流域的中下游地区可能基本
被极高风险区所覆盖。流域的西北部、北部和中游东部亦可能基本
处在高风险区以上（图 5-13（c））。

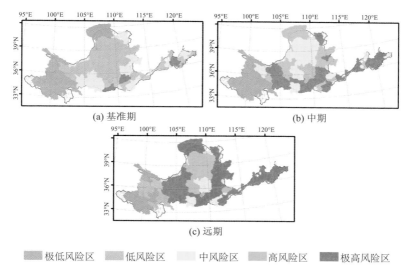

图 5-13　基准期（1981～2010 年），以及 RCP8.5 情景下中期（2040～2069 年）和
远期（2070～2099 年）黄河流域的干旱综合风险等级分布

表 5–3 基准期（1981～2010 年），以及 RCP8.5 情景下中期（2040～2069年）和远期（2070～2099 年）黄河流域各级干旱综合风险的地级单元数量

风险等级	基准期	中期	远期
极低	7	5	5
低	24	11	5
中	14	17	9
高	4	16	8
极高	3	3	25

从基准期到远期，青岛市、潍坊市和运城市不仅一直处于极高风险区，而且 DRI 有持续增加的趋势，可能从基准期的 0.57、0.72和 0.65 分别增加到远期的 1.00、1.00 和 0.89。一直维持在极低风险的地级单元分布在流域的西南部，有甘南州、果洛州、海北州、海南州和黄南州，但 DRI 可能有所上升，分别从 0.02、0.00、0.01、0.02和 0.01 增加至 0.04、0.00、0.03、0.06 和 0.02。济源市、三门峡市和宝鸡市一直维持在低风险区，但远期的 DRI（0.20、0.20 和 0.23）可能是基准期 DRI（0.14、0.13 和 0.14）的近两倍。此外还有鄂尔多斯市、乌海市、西宁市、莱芜市、威海市和晋城市从基准期到中期维持在低风险区，只在远期从低风险区变为中风险区，但乌海州的远期 DRI（0.40）可能是基准期 DRI（0.10）的四倍。

第六章　干旱灾害风险防范

　　自然灾害虽然是小概率事件，但从人类文明开始至今一直是区域社会生存与发展的重要威胁。灾害的强烈破坏性使其可对人类社会造成难以承受的损失。为了减轻自然灾害风险，人们通过自然灾害特征和影响规律的观察和研究，深化了对灾害风险的概念和构成的认识，并对如何采取积极的应对措施进行长久的思考和实践。在此背景的驱动下，减灾防灾的相关理念在 20 世纪末开始悄然转变。传统的灾害管理理念与方法（即危机管理）在实践中无法完全满足防灾减灾需求。风险防范的相关理念得到迅速发展。目前关于干旱风险防范的理念、技术和策略等已取得了大量的研究、实践和进步。如何进一步根据现实和预估状况进行干旱风险防范部署仍有很大的发展空间。

第一节　自然灾害风险防范模式

　　从 1987 年联合国提出的"国际减少自然灾害十年"（International Decade for Natural Disaster Reduction, IDNDR），到第一届世界风险大

会提出将灾害研究重点从灾后向灾前转移,再到第二次世界减灾大会通过的《兵库行动框架》,最后到联合国可持续发展峰会通过的2015～2030 年可持续发展目标,关于灾害应对中的评估、监测和预防等前期工作不断得到强调和重视。灾害管理理念逐渐从被动响应向主动防范转变(Lechat, 1990; UNISDR, 2005; David *et al.*, 2013)。基于此认识,区域的备灾和应对能力对于减少干旱最终造成的损失具有重要意义(WMO and GWP, 2014)。干旱政策的制定应区别于以往的被动处理做法,重点强调管理与干旱有关的风险,如降低高风险部门和群体的脆弱性,提高风险管理的有效性等(Wilhite, 2016)。2020 年联合国减少灾害风险办公室(UN Office for Disaster Risk Reduction, UNDRR)与比利时灾害传染病学研究中心(The Centre for Research on Epidemiology of Disasters, CRED)联合发布的《灾害造成的人类损失:过去 20 年的概述(2000～2019)》报告中也指出,在今后十年中提高干旱脆弱人口的韧弹性应成为全球优先事项。

自从"国际减轻自然灾害十年"以来,国际国内开展了一系列综合风险防范科学的研究,并组织实施了相关规划与工程,形成了一些风险防范模式(表 6–1)。联合国国际减灾战略署(United Nations International Strategy for Disaster Reduction, UNISDR)等一致强调自然灾害风险防范是前沿问题,需要建立多灾种综合、全链条防范措施体系。国际风险管理理事会(International Risk Governance Council, IRGC)风险管理白皮书中提出了综合风险防范的动力学模式,侧重时空综合、横纵综合的气候变化风险管理。国际全球环境变化人文因素计划(International Human Dimensions Programme on Global Environmental Change, IHDP)、综合风险防范(Intergrated Risk Governance, IRG)核心科学计划旨在通过研究巨灾风险生成过程与

表6-1 国内外主要综合风险防范模式比较

提出机构/组织/学者	风险管理模式	内涵	特点
冈田（Okada, 2003）	"章鱼结构"的综合自然风险管理模式	基础设施的风险管理、建设监督和审核系统、赈灾救灾的关爱行为，结合较稳定的灾害文化，使生命系统能够存活	指出了较稳定的灾害文化的重要性
国际风险管理理事会（IRGC，2005）	综合风险防范动力学模式	把风险划分为：物理因素、化学因素、生物因素、自然（干旱所属类别）、社交危害和复杂成因六大类，并进一步区分为线性、高不确定性和高模糊性四类风险。风险防范体系包含五个核心流程（基本要素）：预评估、风险评价（风险评估+关注评估）、风险描述、估价、风险管理（实施+决策）、沟通	侧重时空综合、横纵综合的气候变化风险管理
第七届奥地利维也纳国际应用系统分析研究所（IIASA）—日本京都大学防灾研究所（DPRI）国际综合灾害风险管理论坛（2007）	综合灾害管理体系	"塔"模式和"行动—规划—行动—再规划"的减灾响应模式	面向21世纪或更长远的全球灾害风险挑战
国际全球环境变化人文因素计划—综合风险防范（2009）	巨灾"进入与转出"的防范模式	聚焦"社会—生态系统"，充分利用模型模拟与风险"转出"机制，揭示巨灾风险的孕育与"转出"机制，建立满足可持续发展需要的综合灾害风险科学体系（史培军等，2009）	关注巨灾风险"进入"与"转出"的临界阈值

续表

提出机构/组织/学者	风险管理模式	内涵	特点
联合国政府间气候变化专门委员会（2012）	灾害风险管理防范	减少暴露度、风险转移和分担、防御应对和恢复、转型、提高对风险变化的应对能力	减轻自然灾害对人类社会经济的可持续发展乃至整个地球生命系统造成巨大的风险
第三届世界减灾大会《2015～2030仙台减灾框架》（2015）	全球灾害风险管理	由减轻灾害转向灾害风险管理，由单一减灾转向综合防灾减灾，由区域减灾转向全球联合减灾	重点关注预防产生新风险、减少现有风险和加强抗灾力
史培军等	结构与功能优化模式	安全设防、救灾救济、应急响应、恢复与减灾的融合优化；从灾害风险管理的角度，形成中央、部门和地方"纵向到底与横向到边"一体化；工负责，	强调体制、机制、法制的结构与功能相互协调
	综合灾害防范模式	从响应应灾过程的角度，明确灾前、备灾、应急与恢复的一体化；从涉灾部门与单位的角度，集成政府、企业与救助的一体化，减灾资源、能力建设、保险与救助形成	灾害恢复力是关键，政府、企业与社区形成减灾凝聚力

续表

提出机构/组织/学者	风险管理模式	内涵	特点
史培军等	综合风险防范凝聚力模式	以协同宽容、协同约束、协同放大和协同分散为基本原理； 强调以制度设计为核心的系统结构与功能的优化，凝聚力模式为社会认知普及化、成本分摊合理化、组合优化智能化、费用效益最大化等一系列手段，以实现综合风险防范产生的共识最高化、成本最低化、福利最大化以及风险最小化	强调社会一生态系统的可持续能力和凝聚力
（周洪建，2019）	重大自然灾害救助模式	涉及工程一技术、组织一制度一社会政治一社会各领域，风险在灾害救助中发挥着关键作用，构建了渐进性特别重大灾害和突发性特别重大灾害的全过程救助模式	充分体现了特别重大灾害救助的全过程性与综合性

185

社会—生态系统的应对能力，建立巨灾"进入与转出"的防范模式。联合国政府间气候变化专门委员会（Intergovernmental Panel on Climate Change, IPCC）在自然灾害对人类社会经济的可持续发展乃至整个地球生命系统造成巨大的风险的基础上提出灾害风险管理防范，其内涵主要包括减少暴露度、风险转移和分担、防御响应和恢复、减少脆弱性、转型、提高对风险变化的应对能力。2015 年第三届世界减灾大会通过的《2015～2030 年仙台减轻灾害风险框架》中强调了全球灾害风险管理，明确指出其由减轻灾害转向灾害风险管理、由区域减灾转向全球联合减灾的发展趋势，需要重点关注预防产生新风险、减少现有风险和加强抗灾力（史培军，2015）。

中国政府重视自然灾害防范，提出"两个坚持、三个转变"的方针，坚持以防为主、防抗救相结合，坚持常态减灾和非常态救灾相统一；从注重灾后救助向注重灾前预防转变；从应对单一灾种向综合减灾转变；从减少灾害损失向减轻灾害风险转变。在这一领域的研究者提出综合风险管理的体形架构，包括架构、结构和模型三个层次，风险意识、量化分析和优化决策三个环节。从灾害风险管理的角度，形成中央、部门和地方分工负责，"纵向到底与横向到边"一体化；从响应灾害过程的角度，明确灾前、灾中和灾后响应统筹规划，备灾、应急与恢复和重建的一体化；从涉灾部门与单位的角度，集成政府、企业与社区减灾资源，能力建设、保险与救助一体化的综合灾害风险防范模式。随后，学者提出了诸多风险防范的观点：综合风险防范的"结构与功能优化模式"强调体制、机制、法制的结构与功能相互协调，是可持续发展战略的重要组成部分；在"分时分区"的灾害风险防范模式着重于"自上而下"的应急响应与"自下而上"的公众参与紧密结合；在"与风险共存"的适应模式着重于人类合理调适自身行为；社会—生态系统的综合灾害风险防范凝聚力模式的关键是人们的共识与减灾资源利用效率和效益最大化等。

第二节 干旱风险防范措施整编

面对干旱灾害的影响，政府、组织、学者等从不同角度开展了一系列干旱风险防范的研究，各国家或地区根据具体的灾害环境与社会经济状况组织实施了多项干旱灾害风险防范方案和措施。其中取得了积极成效的主要有水资源调度、节水旱作农业、作物品种选育、改良、栽培技术、天气气候技术、监测预警等，同时旱灾应急预案、区域土地利用规划、水资源合理利用的宣传教育等也对干旱灾害风险防范有深远和积极的意义（表 6–2）。各项防范措施均有相应的防范阶段、防范对象和防范目标，使每项措施具有独特的意义。防范阶段主要指相对于灾害的发生和结束等时间来说，防范措施在哪个时间阶段执行，包括备灾阶段、应急响应阶段、防灾减灾阶段和恢复重建阶段。防范对象有致灾因子和承灾体两大类。防范目标主要是指采取的防范措施预计通过实现什么目标或途径来减少风险，根据风险的构成可以分为规避危险性、降低脆弱性、降低暴露度和提高减灾能力四大类。面向具体区域的干旱灾害风险防范工作，可以根据当地的干旱事件状况和生态系统、经济社会特征以及防范目的，科学、综合地采取这些防范措施，有助于实现多维度、全阶段、全覆盖式的综合干旱风险防范模式。深入理解各项防范措施的作用、特点和原理，是开展上述工作的必要前提。认识黄河流域当前已采取的干旱风险防范措施，熟知其基本原理和执行效果，是治理流域干旱风险的基础。

表 6–2　干旱风险防范措施分类表

防范阶段	防范对象	防范目标	关键措施	技术热点
防灾减灾	承灾体	降低脆弱性、提高减灾能力	水资源调度	跨流域调水工程、灌排工程、拦截和蓄存雨水工程
防灾减灾	承灾体	降低脆弱性、提高减灾能力	节水旱作农业	集雨灌溉、滴灌、农田覆盖技术
防灾减灾	承灾体	降低脆弱性、提高减灾能力	施肥	精准施肥
防灾减灾	承灾体	降低脆弱性、提高减灾能力	作物品种选育、改良、栽培措施	优质品种选育及种植技术
防灾减灾	承灾体	降低脆弱性、提高减灾能力	病虫害防治措施	药剂防治技术、物理防治技术、生物防治技术
防灾减灾	致灾因子	规避危险性	天气气候措施	人工影响天气技术
备灾	致灾因子	规避危险性	监测预警	土壤墒情监测技术、农田监测评估技术、干旱监测预警
防灾减灾	致灾因子	规避危险性	减轻蔓延技术	降低干旱风险蔓延技术
备灾、恢复重建	承灾体	降低暴露度、提高减灾能力	风险转移	灾害保险、灾害基金
防灾减灾、备灾、应急响应	致灾因子	规避危险性	减灾政策与应急预案	农田旱灾应急预案
备灾	承灾体	提高减灾能力	宣传教育	社区灾害宣传教育、防灾知识宣传栏目、防灾减灾人才队伍建设、应急救助预案
防灾减灾	承灾体	提高减灾能力	科技支撑	防灾减灾科技项目、科研技术机构建设、灾害防范科学基础研究、技术应用与示范

188

一、水资源调度工程

水资源调度措施主要通过跨流域调水、水库、排灌等工程，把水资源从相对充足无干旱灾害风险或风险较低的时空位置转移到具有干旱灾害风险的时空位置，缓解区域干旱状况，降低干旱灾害风险。

（一）南水北调工程

南水北调工程是我国为解决北方地区，尤其是黄淮海地区水资源短缺问题，从长江干支流调水往北运输，从而优化水资源配置、促进区域协调发展的国家级战略工程。南水北调包含已经通水的东、中线工程，还有处于论证阶段的西线工程。不论是哪一线工程，黄河流域都是主要受水区域。南水北调的东、中线工程主要对黄河流域的下游调水，对黄河流域下游的经济发展、城市化建设和生态环境保护产生了重大效益。南水北调西线工程主要往黄河上游输水，是缓解黄河流域中上游水资源短缺的重要措施。

（二）水库工程

黄河流域河网疏密不均、水资源区域分布不均，夏秋汛期与冬春非汛期流量差异明显，且水资源年际变化悬殊，容易形成干旱与洪涝风险。1949 年以来，黄河治理工作大规模开展，在干支流各河段陆续修筑了水库等水利枢纽，是从被动治理向主动治理转变的重要过程。水库是一种通常建设于河流的沟谷等狭口处的坝型水利工程建筑物，通过坝拦河流形成人工湖泊，且通常按库容分为大、中、小型水库。根据 2019 年《黄河水资源公报》，2019 年黄河流域共有大型（＞1.0 亿立方米）水库 34 座、中型（0.1～1.0 亿立方米）水库 185 座。大、中型水库蓄水量在年初为 450.69 亿立方米，年末为 430.80 亿立方米。黄河水利委员会对黄河水量有统一调度权力，因此这些水库并非彼此独立的水利单元，而是以水库群的形式系统协调地发挥整体功能。黄河流域的水库群不仅可以通过调节阀门而利用库容拦蓄洪水，进而削减洪峰流量，降低流域洪涝风险，还可以利用水库在其他时期蓄积的水源用于在枯水期开闸补给，降低流域干旱风险。而且水库还具有水力发电、蓄水灌溉和养鱼等功能。因此，水库在黄河流域经济社会的稳健发展中发挥着巨大的综合效益。

二、节水旱作农业

节水旱作农业技术通过将有限的水资源根据作物生长发育等需求精准地灌溉到目标作物上，减少灌溉过程的水资源散失、流失等浪费，达到节约农业水资源的效果，提高干旱区域农业水资源利用效率。

（一）节水灌溉技术

进入 21 世纪后，学者们就黄河流域农田节水与管理、新型节水灌溉技术研发等方向开展了大量的研究，为黄河流域节水灌溉农业发展提供了许多有效的指导建议和技术支持（陆红飞等，2020）。黄河流域是中国农业节水灌溉的主要区域之一，在长期以来的投入建设下节水灌溉农业得到有效发展，主要实施的有微灌、喷灌和膜下滴灌等技术（张璇和胡宝贵，2016）。微灌技术是通过田间管道输水工程，根据作物生长的灌溉需求，把水以较小流量，均匀、准确地运输到作物根部附近的土壤的技术，具体又可按灌水器和出流形式

特征细分为滴灌、渗灌、微喷灌、涌泉灌和多功能灌溉能技术类型
（孙龙飞等，2019）。喷灌技术是指利用水泵等机械动力设备或自然
落差势能形成的压力水经由管道输送至田间，再通过喷头喷射到作
物上方空气，使之以小水滴或水雾的形式均匀散落到田间土壤的灌
溉技术，可按设备系统的可移动性分为移动式、半固定式和固定式
等喷灌系统（范永申等，2015）。膜下滴灌技术是覆膜种植与滴灌技
术的结合，是指在田间地膜下应用滴灌技术，通过可控管道系统，
把根据作物需求配置的水、肥、农药混合液均匀地滴入作物根系附
近土壤中，而同时地膜可起到提高地温、减少水分蒸发丧失等作用
（康静和黄兴法，2013）。虽然目前这些节水灌溉措施在实际应用中
还存在一些缺点和不足，如微灌灌水器容易堵塞（柴海东，2016）、
喷灌技术易受风力影响（史少培等，2013）、膜下滴灌的设备成本和
技术要求较高等（康静和黄兴法，2013），但它们的推广实施显著提
高了农业水资源利用效率。

（二）农田覆盖技术

除了在用水（灌溉）端通过节水灌溉技术来合理分配水资源、
减少用水浪费外，在保水端通过农田覆盖技术减少水资源无效蒸发
也是有效的节水技术。上文中的膜下滴灌技术便应用到了农田覆盖
技术中的覆膜措施。农田覆盖技术是一种通过在农田土壤上覆盖保
水材料，以达到降低农田土壤水分蒸发、提高灌溉用水效率等目的
技术，按覆盖材料可分为秸秆覆盖技术和地膜覆盖技术（李红霞等，
2020）。实验研究与实践应用均验证了农田覆盖技术的节水效应（周
凌云等，1996; 赵建刚，2008; 石东峰和米国华，2018; 张景俊等，
2018）。此外，农田覆盖技术还可以对土壤温度起调控作用，并在提

高土壤的碳磷钾和有机质等养分方面有积极作用。根据地理环境与耕作模式的时空分异特征灵活地结合应用两种覆盖技术能产生更好的效果（廖允成等，2003）。值得注意的是，秸秆覆盖可能会通过增加病虫害风险、低温效应等降低作物产量。地膜覆盖则可能因回收管理不到位而产生环境污染后果。

三、抗旱品种培育

作物品种选育、改良和栽培可以提高农作物的抗旱能力，从而降低农业承灾体的暴露度。黄河流域幅员辽阔，横跨中国几个主要的冬、春小麦种植区和春、夏玉米种植区，不仅多对小麦品种有较高的耐旱性要求，水分匮缺地区的玉米种植密度也受到限制（赵广才，2010a, b; 明博等，2017）。从水资源管理和农业生产可持续发展的角度出发，国内一直坚持开展关于小麦和玉米的抗旱、耐旱、节水方面的遗传育种研究，主要包括杂交育种、诱变育种、分子育种等（卫云宗等，2001；张正斌，2003；张娟等，2005；张凤启等，2015；梁晓玲等，2018）。其中杂交育种是一种较为常用的方法，主要通过杂交将不同个体的优良性状（如抗旱性）结合到杂交子代中，再对子代的后代进行筛选进而培育出符合期望的新品种。其育种原理是基因重组（刘忠松和罗赫荣，2010）。杂交育种的主要优点是杂种优势，缺点主要是育种过程漫长，而且需及时发现优良性状（张振，2014）。诱变育种是通过对育种对象施加物理、化学、生物或空间等诱变技术，促使其变异率增加，进而从中筛选符合目标性状（如抗旱性）的变异个体的方法，其育种原理是基因突变。诱变育种的育种速度较快，但变异结果多不符合育种需求，且具有一定的不可重复性（任志强等，2016）。分子育种是随分子生物学和基因组学等科学发展起来的一种现代育种理论和方法体系。通过分子标记、转基因、分子设计等途径或手段培育出符合目标基因型和目标表现型（如抗旱）的新品种（黎裕等，2010）。分子育种以更直接的途径实现育种目的，可大幅提高育种效率，但具体操作过程复杂，技术成本较高。

四、天气气候措施

天气气候措施指针对区域的调节气候及应对极端天气气候事件的人工干预天气技术（如人工降雨）等，主要是根据自然界降水形成的条件与机制，通过人为散播凝结催化剂增加降水量，从而实现区域水资源调增，达到减缓或解除旱情的目的。

五、监测预警措施

监测预警措施以土壤、作物、林木、水文、气象等为监测对象，综合应用各项监测手段、方法和技术，监测评估各项干旱相关指标。干旱监测的主要目的在于及时获取干旱可能发生的时间、地点、程度和影响对象等灾情的准确信息，为旱灾应对管理方案的精准快速决策和相关工作的高效部署落实提供支撑。利用指示干旱事件的干旱指标进行干旱监测是其中的主要手段之一。选择适用于黄河流域的干旱指标是保证干旱监测准确度的重要前提，如基于 K 干旱指数和综合气象干旱指数（Compound Index, CI），比基于标准化降水指数（Standardized Precipitation Index, SPI）、降水距平百分率（Precipitation Anomaly in percentage, PA）和帕默尔干旱指数（Palmer Drought Severity Index, PDSI）能更准确地监测黄河流域的干旱状况（王劲松等，2013）。此外，相对湿润度指数（relative Moisture Index,

MI)、标准化降水蒸散指数（Standardized Precipitation Evapotran-spiration Index, SPEI）等也是干旱监测所依据的重要指标。干旱指标检测法的基本工作原理，是通过对干旱指标计算需用到的基础参数，如气象、水文、土壤、植被等对象进行监测，并转换为干旱指标数据。若指标达到或超过形成干旱事件的阈值则认为出现了干旱事件，且不同的指标阈值范围指示不同程度的干旱级别，具体指标算法和干旱分级参考各国家标准，如《中华人民共和国国家标准—气象干旱等级》（GB/T 20481–2017）、《中华人民共和国国家标准—农业干旱等级》（GB/T 32136–2015）、《中华人民共和国国家标准—农业干旱预警等级》（GB/T 34817–2017）。

　　基于单一的干旱指标监测获取的信息可能较为片面，无法满足全面监控区域水分缺失状态的需求。因此建立全方位、多指标的干旱监测预警系统，将有助于综合利用不同指标的监测对象、范围、尺度和精确度等属性，弥补在应用单一指标监测时可能存在的数据难以获取、数据缺漏、覆盖面较窄、结果不确定、结构层次简单、应用单一等不足，并通过各变量间的数据变动关系全方位、全时段、大规模地监控水分动态，提升干旱监测的效率和准确性。近几十年来，随着科学技术的发展进步、经验的积累和相关模型算法的成熟，干旱监测预警逐渐实现了从粗糙数据到精细数据、从手动信息采集到自动化信息采集、从人工统计分析到计算机分析和模型模拟、从有限数据推演到大数据智能识别、从传统预警手段到网络信息时代预警手段、从地面观测到卫星—飞机—地面相结合的空天地一体化观测体系等重大转变，为构建现代化干旱综合监测预警体系提供了必要基础。顺应时代发展趋势，黄河流域的干旱综合监测能力水涨船高。例如，王煜和彭少明（2016）在通过对过去黄河流域干旱监测措施进行分析和研究后，构建了适于识别黄河流域灌区多时间尺度干旱演变过程的联合指标，即标准化帕默尔—联合水分亏缺指数（Standardized Palmer Drought Index-Joint Deficit Index, SPDI-JDI）；构建了集成观测、遥感、再分析与模式模拟等多源数据，可综合反映气象、水文、土壤和生态等多方面干旱状况的灌区旱情实时监测系统；集成了将干旱监测同水资源组织调配相结合的技术框架，使应对干旱的水资源调配技术得到显著提升。

六、减轻蔓延技术

减轻蔓延技术通过对干旱灾害风险的时空发展过程进行干预或阻滞来规避危险性，可以与干旱监测预警技术结合实施。在不同的区域或对象上实行该技术所产生的功效可能有所差异，并且可能有相应的实施条件和要求，需要根据具体环境和具体问题去落实。

七、风险转移措施

风险转移措施主要是灾害保险、灾害基金等，通过经济契约将灾害风险分摊或转移到其他区域、对象、个体或时期，有助于风险发生后的稳定与恢复。黄河流域是中国农业生产的重要区域，农业生产的安全与发展具有重要意义。干旱是造成黄河流域农业损失的主要自然灾害之一。农业保险是农户用于分散和转移农业风险（多为自然灾害风险）的产品，有助于灾后农业生产的迅速恢复（张跃华等，2007）。因此，根据农业干旱灾害的特征与规律推行农业旱灾保险、建立旱灾保险制度是有效的应对手段（刘小勇等，2013）。当严重的自然灾害（如大规模干旱事件）造成巨额农业损失时，保险公司可能不具备支付所有赔偿金额的能力，对农业旱灾保险的实施形成约束。2015 年初,中国保监会、财务部、农业部联合印发《关于进一步完善中央财政保费补贴型农业保险产品条款拟订工作的通知》(保监发〔2015〕25 号),明确将旱灾列入到种植业保险主险的保险责任之中,为农业旱灾风险防范提供了重要保障。通过农业旱灾保险与再保险和农业干旱灾害基金相结合,建立适合当前与未来农业干旱风险状况的有效干旱风险分担机制,有助于进一步提高农业干旱风险防范在保险措施方面的水平(王宁,2015)。

八、应急预案

中国应急管理体系建设的基本框架可以概括为"一案三制",即应急预案、应急管理体制、机制和法制(钟开斌,2009)。应急预案是其中的前提要素,也是应急管理体制和机制的重要载体。应急预案应在国家和地方法律法规和规章制度范围内,根据历史经验、科学实践和实际情况,对应急管理体系的部门、机构、组织、队伍、人员的职责做出明确规定和具体安排,并对物资、装备、设备、技术、行动等的管理指挥与组织协调有预先制定的具体方案。自然灾害应急预案是为保证应对自然灾害的指挥、管理和救助体系的高效有序运行,最大程度地预防和减少人员伤亡与财产损失而提前编制的计划与方案,是自然灾害事件应急管理的规范性文件,是应对自然灾害能力的重要保障(李保俊等,2004;来红州,2016)。一套完整的自然灾害应急预案应具有针对不同灾害类型及灾害等级的对策和措施。其中,中国政府组织编制的《国家防汛抗旱应急预案》包含有适用于全国范围内干旱灾害和供水危机的预防和应急处置预案,要求由地方人民政府和防汛抗旱指挥机构负责组织实施抗旱减灾和抗灾救灾等方面的工作,并对干旱灾害设立了不同级别的应急响应行动方案，制定由各级部门单位所需执行的报送、调度、处理、发布等工作的规程（中华人民共和国国务院，2006）。

黄河流域的旱情突出，历史的抗旱经验和教训使政府和群众意识到相关应急预案重要性与必要性。根据国家防汛抗旱总指挥部要求和《黄河水量调度条例》规定，黄河防汛抗旱总指挥部编制了《黄河流域抗旱预案（试行）》，是中国第一套流域抗旱预案（中华人民共和国水利部，2008）。该《预案》于 2008 年 6 月 3 日颁布，并于 2008 年 7 月 1 日起实施。该《预案》根据黄河流域及供水区水情和旱情将主要处置事件进行分类分级并制定有相应的响应行动方案，对黄河流域的抗旱水源优化调度起到了积极作用，有效提高了流域抗旱工作的计划性、主动性和应变能力。但黄河流域的区域干旱事件仍不容乐观，抗旱工作也可能还存在薄弱环节，应持续结合抗旱工作的实践累积和经验总结对预案进行修订完善。

九、宣传教育

开展宣传教育工作不仅是普及干旱相关知识、提高百姓抵御干旱事件能力的必要途径，还对推广、普及和落实以上干旱防范措施，尤其是节水旱作农业、作物育种和农业旱灾保险等措施有重要意义。党和政府一直重视黄河流域的防旱抗旱宣传工作，通过公告、新闻、电视节目、公益广告、微电影、短视频、动画、讲座、课本、报纸、社区公报等途径，普及干旱特征和影响等知识，宣传节约用水和防旱抗旱的重要性，宣布减灾政策、防旱工程、应急预案等，推广节水灌溉、耐旱抗旱作物种植、旱地耕作技术、灾害保险等相关措施。

十、科技支撑

通过政策与资金支撑科学技术研究，探究干旱事件的发生发展与风险形成机制，研发干旱防治应对技术，是进一步提升干旱风险防范能力的有效战略。中国在科技支撑方面一直有高投入。在"十三五"期间的国家重点研发计划中，部署的许多重点专项与干旱防范相关，如"七大农作物育种""水资源高效开发利用""典型脆弱生态修复与保护研究""全球变化及应对""重大自然灾害监测预警与防范"等。

第三节　典型区旱涝急转风险防范措施

旱涝急转作为灾害群的重要类型，是指干旱与洪涝两种极端气候现象在同一区域交错发生且转变速度极快的现象。这一异常气候现象致使抢险救灾难度加大，区域受到的影响和损失倍增。应对"旱涝急转"灾害群事件的根本方法是旱涝兼治，为正确处理水库渠系排和蓄的矛盾，合理解决水资源供与需的矛盾，全面提高陕西北部大理河流域的抗旱排涝能力，将从"旱涝急转"灾害群的综合风险防范关键时空节点和主要途径入手，针对"旱涝急转"灾害群，形成工程设防、适应性处理、保险叠加的灾害风险分化技术，在此基础上，形成陕西北部大理河流域"工程+非工程"相结合的"旱涝急转"灾害群综合风险"分化"防范技术体系。

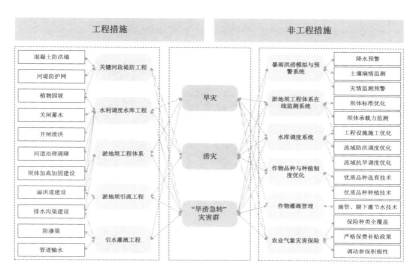

图 6-1　陕西北部大理河流域"旱涝急转"灾害群风险防范措施体系

一、工程设施建设

工程措施主要包括关键河段堤防工程、水利调度水库工程、淤地坝工程体系、淤地坝引流工程、引水灌溉工程和雨水拦截蓄水工程。

（一）关键河段堤防工程

关键河段堤防工程主要是对危险的河段进行围护、加固等，实现河堤相对稳定的工程措施。陕西北部大理河流域的人民主要在河滩沿岸从事生活和农业生产活动，洪水到来时极易对河道堤岸造成破坏，溢出河床，冲毁民居与耕地，泛滥成灾。通过混凝土防洪墙对河段凸岸河堤进行维护与加固，在河段凹岸实施河堤防护网，并结合植被固坡等措施，提高河段应对洪涝灾害的防灾抗灾能力。

图 6-2　混凝土防洪墙

图 6-3　河堤防护网与植物固坡结合

（二）水利调度水库工程

旱涝急转灾害群在旱期会持续一段时间无降水，因此水库需要蓄水以供人民生活生产，然而急转期却伴有急性强降水。按照水库调度规程和汛期调度运行计划对水库进行调度，旱期在限定库容内蓄水，对预测会超过汛限的水库应及时进行开闸放水，降低水库水位，避免强降水期间崩坝淹没村庄及县城。暴雨初期尽力泄洪，在

确保水库大坝安全的前提下，减轻下游河道行洪压力（郭广军等，
2018）。在做好水库加固的同时应同步做好河道的治理和清障工作，
同时还将裁弯取直，利用洪水引流与疏散（黎凤赓等，2018）。实施
河道治理工程，并结合实施河长制的有利时机，彻底做好河道清障
工作，确保标准内洪水的行洪安全。

图6-4　清水湾水库堤坝加固与溢洪道重建

（三）淤地坝工程体系

淤地坝工程有拦沙淤地、滞洪减灾、改善当地群众生产生活条
件、改善生态及人居环境、发展农村经济等方面的功能，是陕西北
部地区最广布的建设工程。黄土高原地区多沙区是建设淤地坝的适
宜区域，因此在坝址选择上，选择筑坝材料充足、"口小肚大"、坝
轴线短、沟道比降较缓的流域，尽量避开弯道、无跌水、泉眼、断
层、滑坡体、洞穴等（韩慧霞，2007）。

现有的淤地坝大多为群众修建的中小型淤地坝，缺少统一规划

和科学设计，建设标准较低，主要在黄土高原沟壑中拦截一道坝口蓄水，主要用来在降水时期蓄水以供农民在干旱期生活生产灌溉使用，病险坝病险情况复杂，需要进一步完成除险加固工程。

图6-5　淤地坝建设示意

按照国家生态保护和黄河高质量发展的总体要求，支持当地农民脱贫致富、实现宜居美丽乡村、减少入黄泥沙等综合要求，因地制宜，分区施策，科学布设淤地坝，完善山水田林草湖综合治理，完善小流域综合防治。

（四）淤地坝引流工程

淤地坝多为当地群众人工修砌的土坝，多存在安全隐患。在黄土沟壑中拦截，两侧无疏水沟渠通道，一旦在急转期发生强降水，多易形成溃坝等现象，对沟壑下游的居民与耕地造成破坏。约60%的坝址位置较好、交通方便，但无系统的防洪、排洪设施，为了防洪安全和坝地保收，急需进行升级改造、提质增效。选择有适宜布设放水工程、溢洪道的地形和地质条件，且下游无居民点、学校、工矿、交通等重要设施，对下游群众的生命财产安全无严重影响的流域。还有约 60%的坝址位置较好、交通方便，但无系统的防洪、排洪设施，为了防洪安全和坝地保收，急需进行升级改造、提质增效（刘雅丽等，2020）。

图6-6　淤地坝引流工程示意

（五）引水灌溉工程

陕西北部地区干旱期较长，水资源较缺乏，集中在河谷两侧的历史河漫滩上与坡地上的耕地，可以采用引水灌溉工程以满足干旱期作物需水要求。以村落为单位在河边修建抽水机井，通过管道及沟渠将水输送到需要灌溉的耕地当中，合理渠道防渗加固修复，利用水闸控制水流去向。

（a）为抽水机井

（b）为防渗沟渠　　　　　　　（c）为管道输水

图 6-7　引水灌溉工程

二、非工程措施

非工程措施是指除了工程措施之外，通过知识、实践或协议减少灾害风险以及灾害影响的措施。非工程措施可以作为工程措施实施的保障，使工程措施充分发挥作用（李宏恩等，2017）。针对陕西北部大理河流域"旱涝急转"灾害群风险防范，主要措施有：暴雨洪涝模拟与预警系统、淤地坝工程体系在线监测系统、旱涝急转水库调度系统、作物品种与种植制度优化、作物灌溉管理和农业气象灾害保险。

（一）暴雨洪涝模拟与预警系统

由专家组成员及相关部门开展暴雨洪涝模拟预测工作，通过已知的相关数据条件和专业的灾害动态模型实现暴雨洪涝相关气象信息的动态模拟，结合降水、河流分布等信息对暴雨引发的洪水灾害

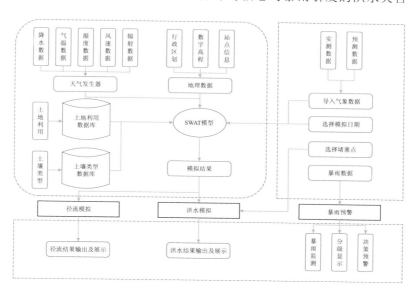

图6-8 暴雨洪涝模拟与预警系统示意图（叶帮苹等，2012）

的侵害范围进行动态模拟，分析暴雨洪涝的淹没范围、深度及其时空演变特征，辨识灾害的危险等级，找到灾害威胁可能最大的位置，及时进行人口疏散、物资财产转移等灾前预防工作。

（二）淤地坝工程体系在线监测系统

分布在陕西的黄土高原淤地坝共有 34 087 座，其中大型坝 2 651 座，中型坝 9 483 座，小型坝 21 953 座（刘雅丽等，2020）。陕西北部地区位于黄土高原最北端，根据遥感目视解译大理河流域有淤地坝 688 余座，其中病险坝病险情况复杂，需要进一步完成除险加固工程在线监测。根据习总书记"有条件的地方要大力建设旱作梯田、淤地坝等"的指导思想和黄河流域生态保护和高质量发展的新要求，使淤地坝大规模发展，达到黄河流域黄土高原地区生态文明建设、乡村振兴、群众脱贫致富要求（董亚维等，2021），应明确陕西

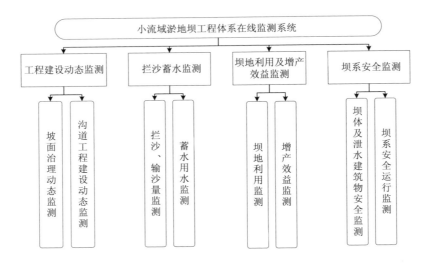

图 6-9　小流域淤地坝工程体系在线监测系统（喻权刚等，2015）

图6-10　淤地坝防汛责任人公示牌

北部地区大理河流域淤地坝数量需求，对新建淤地坝情况进行分析，对病险严重、威胁下游安全的淤地坝进行除险加固情况监测（喻权刚等，2015）。

（三）作物品种与种植制度优化

作物类型的优化和适宜的耕作制度是减少农业产量损失的关键措施（山楠，2014）。作物品种选育、改良和栽培可以提高农作物的抗旱能力，从而降低农业承灾体的暴露度。要根据陕西北部大理河流域实际农耕情况，按投资省、效益高、措施易行的原则，合理分配作物种植的品种。如低洼易涝区可利用井灌发展旱稻，将喜水作物与耐旱作物分区种植，大面积间行混合种植耐旱玉米、高粱、黄豆等作物，在沟壑坡地上种植马铃薯，在山地灌溉难度高的地区进行地膜保水保墒，利用地膜汇集雨水等。组织专家指导农民为土壤造墒补墒，及时调整种植结构。

图6-11　玉米、高粱、黄豆、芝麻混合间行种植示意

图6-12　黄土高原沟壑坡面马铃薯种植示意

图6-13 山地梯田覆膜集水保墒示意

（四）农业气象灾害保险

农业气象灾害保险的实行是一项惠及广大农民群众的决策。它在稳定农民生活、补偿受灾农民经济损失、帮助农业生产的健康发展等方面都发挥着十分重大的作用（李海宁，2015）。应建立多层次、全方位和网络化的农业市场与技术信息服务体系，从自然灾害救助的覆盖能力、救助水平、公平性、可持续性、及时性和有效性等要求出发，全面审视并明确救灾主体、救助对象、救灾资源、救灾手段（高健，2019）。因此在陕西北部地区，农业部门应加强对气象灾害发生的强度和频率的风险评估，结合各地的实际情况周期性调查统计当地各类气象灾害风险发生情况，培养气象、保险、统计等各方面的专业人才，在产品的研发过程中才能确保各项操作的准确无误，保证保险产品的有效性、合理性，开展针对旱涝急转灾害的气象灾害保险类型，将冬小麦、玉米、水稻及其他作物的比例作为设计保险产品的依据。

第四节　黄河流域干旱风险防范措施建议

气候变化下干旱灾害风险在黄河流域的加剧与当地社会发展带来的人口增长和用水需求上升之间的矛盾日益突出。2020 年 12 月 17 日，水利部发布《关于黄河流域水资源超载地区暂停新增取水许可的通知》（以下简称《通知》），为深入贯彻习近平总书记关于黄河流域生态保护和高质量发展的指示精神，切实落实以水而定、量水而行，把水资源作为最大的刚性约束要求，抑制不合理用水需求，推动解决黄河流域水资源过度开发利用问题，依据《取水许可和水资源费征收管理条例》《国务院关于实行最严格水资源管理制度的意见》等有关法律法规和政策要求，决定对黄河流域水资源超载地区暂停新增取水许可。《通知》明确指出黄河流域共有 13 个地市（涉及 6 个省区）的干支流地表水水资源超载，62 个县（涉及 4 个省区 17 个地市）的地下水资源超载，反映出当前流域的水资源管理压力依旧巨大，需持续并加强干旱风险防范。此外，农业是黄河流域传统而重要的经济来源，当地农业对干旱又非常敏感，因此干旱很容易通过造成农业生产风险威胁粮食安全，对流域的经济社会造成深沉的打击。这使黄河流域的干旱风险不仅高且具有特殊性。

随着黄河流域干旱风险防范需求的日益增加，从科学技术角度开展的干旱风险防范研究成为前沿与热点，而基于干旱防范实践经验与科学技术成果进行相关政策措施的制定、梳理、落实与评估亦在积极跟进。在既有的干旱风险防范措施状况的基础上，根据当前或未来的干旱环境与区域发展状况进行防范策略的调整和改进，并进行新措施的探索与部署，有助于更好地应对气候变化下干旱事件风险。

一、优化基础设施体系建设，提高协同调水能力

如上节所述，水库主要是通过降低承灾体脆弱性、提高减灾能力进行干旱风险防范。但是流域的许多水库修建时期较为久远，水库修建时期设计的应对能力可能无法满足当前或未来的旱涝防范需求，而且库体可能因老旧而存在损毁风险，所以应根据当前和未来需求及库体状况做好对水库进行维修、加固、清障等管理工作，确保水库的蓄丰补枯功能。此外，通过与干旱监测系统相结合，建立水库群协同优化调度技术（王煜和彭少明，2016；王煜等，2019），包括梯级水库群多时空尺度协同调度技术（彭少明等，2020），可以明显提高黄河流域庞大水库群的水资源调度效率和水平，更好地发挥其抗旱减灾作用。同时，水库调度需将防旱目的与防洪、生态等目的相结合，综合考虑不同目标间的矛盾与统一，争取多目标协调作用的最大化，实现多目标优化调度（王学斌等，2017）。同理，在南水北调工程方面，开展关于水资源优化调配研究是充分发挥引水补源功能、解决黄河缺水问题的关键（刘昌明等，2020）。此外，开展小流域综合治理，加强梯田和淤地坝建设也对水资源保持有积极意义。

二、推进节水旱作农业发展，缓解水资源供需矛盾

黄河流域的农业用水需求因人口增长与经济发展而增加。时至今日，黄河流域以仅占全国2%的河川径流量灌溉着全国15%的耕地，资源性缺水严重（王亚华等，2020）。水资源供需矛盾使当地农业具

有较高的干旱脆弱性，制约农业生产并威胁粮食安全，因此发展节水型农业技术是确保区域农业可持续发展的重要途径。根据当前农业用水效率的统计分析，黄河流域农田灌溉用水整体上还存在较高的输送过程损失，导致灌溉水有效利用系数仍低于全国水平，且区域间节水灌溉水平存在明显差距，因此流域农业的节水旱作农业还需继续推进发展（党丽娟，2020），抗旱作物品种的培育与应用也许积极跟进。而随着相关设施与技术的有效普及与发展，节约下来的富余水资源还可用于其他行业的发展，减缓其他行业的水资源压力，实现区域的综合协调发展（Li *et al.*，2019b）。

三、升级监测网络与预警体系，加快信息共享传播

在黄河流域的干旱监测预警方面，建立多方位、全过程的干旱监测预警体系，有助于相关部门及时采取应对措施，提高抗旱减灾效率。同时还需基于互联网、大数据、区块链等现代信息技术，结合公益服务和宣传教育等工作，推动建设各级政府、部门、社区、个体之间的干旱灾害信息高速公路与共享平台，实现干旱监测信息快速共享和预警即时到位。此外，未来可能还需要进一步做好对干旱间接影响的评估与核算，探明干旱产生间接影响的表现与信号，进而与干旱监测手段和管理机制的现代化建设相结合，继续提升干旱监测预警预报与服务等工作的科学技术水平。

四、建设自然生态系统防御体系，实现人与自然协作抗旱

除了工程建筑、设备和仪器等应用之外，自然生态系统本身也可帮助抵御和减轻自然灾害的影响。健康的自然生态系统具有相对稳定的物质循环与能量流动网络。生物与环境之间存在相互影响和

制约过程，因此在遭受一定程度内的极端事件时可通过生态系统的自然运转来维持稳定，表现出一定的韧性。在遭受同样程度的灾害时，通常生物多样性越高、结构越复杂、功能越丰富的生态系统越容易恢复到一个多维动态平衡的稳定状态。对于干旱灾害而言，由于自然环境条件、生态结构和生物多样性等差异，森林和湿地等生态系统的防御能力要比灌丛、草地和农用地等生态系统更强，能承受更强和更长时间尺度的干旱事件（Zhang *et al.*, 2017; Deng *et al.*, 2020a）。森林和湿地生态系统也具有出色的储水能力和产水服务功能。所以，在黄河流域进行土地利用的合理规划，修复、保护和管理森林和湿地生态系统，建设和强化区域应对干旱事件的自然防御体系，是通过对自然生态资源的有效管理、充分发挥自然的力量来减轻干旱灾害影响的有效途径。

改革开放以来，中国经历了快速且大规模的城市化进程，但同时生态环境退化和环境污染等问题日益尖锐，给自然防御体系的结构和功能带来挑战。所以自然生态系统的修复、建设和维护在区域社会经济的快速发展过程中显得尤为迫切，是走可持续发展所必须坚持开展的工作。黄河流域在这方面已坚持多年并取得一定成效。其中具有代表性的是 1999 年开始实施的退耕还林（草）生态修复工程。该工程显著提高了黄土高原的植被覆盖面积，尤其是林地面积，使区域生态环境质量得到持续显著改善（Xiao, 2014; 刘国彬等, 2017）。但是，目前黄河流域的人与自然资源的关系矛盾仍较为突出，局部生态环境仍比较脆弱。而且自然防御体系不只是增加植被的覆盖率，还需结合政策、法律、市场和技术对生态系统进行科学有效的管理，使其得以长久稳定地发挥抵御干旱灾害能力和生态服务功能。因此，黄河流域的自然防御体系建设工作任重道远。政府部门需对黄河流域生态问题的治理工作做长期规划。2020 年 6 月 3 日，国家发展改革委与自然资源部联合印发了《全国重要生态系统保护和修复重大工程总体规划（2021～2035 年）》（发改农经〔2020〕837号），其中规划了黄河重点生态区（含黄土高原生态屏障）的生态保护和修复重大工程，部署了修复、治理、改善和保护黄河流域生态的逐项措施。在黄河流域生态保护和高质量发展战略的指引下，坚持绿水青山就是金山银山的理念，坚持生态优先、绿色发展，加强生态环境保护，提高对生态系统的管理能力，是流域巩固和强化自然防御体系的必由之路。

五、开拓宣传教育渠道，并兼顾传统宣传教育途径

在自媒体迅速发展壮大，人们越来越偏向于碎片式阅读的大趋势下，应紧跟时代的步伐，发展在微博等活跃用户数量巨大的自媒体平台或文化社区平台的宣传教育工作，并进一步加强防旱抗旱工作的宣传，加强有关人才的培养和教育，使更多的人自发或自觉地为科学防范干旱灾害开展宣传教育工作，形成点对面、点对点、面对面、面对点共存的宣传教育网络新形势。

干旱灾害能对粮食作物造成巨大的损失，所以农业农村的干旱防范宣传教育是重中之重。考虑到乡村年轻人外出打工的选择越来越多，留村务农的农民以中老年人为主的状况，网络化宣传教育可能不适用于部分农民。因此在开拓新时代下网络媒体宣传途径的同时，必须保留和发展传统宣传教育方式，如电视节目、电台广播、报纸、公报、文本等。此外，当地政府通过组织或鼓励在节水旱作农业、抗旱作物育种、干旱监测预警等干旱防范措施领域相关的专家学者，以专家队伍或服务团队的形式，深入到农村基层因地制宜

地开展农业防旱抗旱等知识方法的交流与普及，以及相关先进技术的指导、咨询和培训等服务，帮助解决干旱影响农业生产的难题，也是一种优质而实效的宣传教育途径。从国家社会经济发展战略的层面分析，坚持开展和升级农业农村的干旱防范宣传教育，是在十四五期间巩固拓展脱贫攻坚成果的关键行动，是对乡村振兴战略全面推进的积极响应。

六、基于未来风险预估，强化各项防范措施

干旱风险防范措施对于适应气候变化下干旱的不利影响、降低干旱灾害风险具有积极作用，属于人为适应气候变化的范畴。值得注意的是，未来气候变化带来的干旱影响可能超出既有防范措施的防范能力范围。因此，需开展面向未来气候变化情景下的干旱风险预估研究，进而面向未来潜在干旱风险，进行各项防范措施的调整、补强和更新。

参考文献

Adger, W.N., 2006. Vulnerability. *Global Environmental Change*, 16(3).

AghaKouchak, A., L.Y. Cheng, O. Mazdiyasni, *et al.*, 2014. Global Warming and Changes in Risk of Concurrent Climate Extremes: Insights from the 2014 California drought. *Geophysical Research Letters*, 41(24).

Ahmadalipour, A., H. Moradkhani, A. Castelletti, *et al.*, 2019. Future Drought Risk in Africa: Integrating Vulnerability, Climate Change, and Population Growth. *Science of the Total Environment*, 662.

Ahmadalipour, A., H. Moradkhani and M. Svoboda, 2017. Centennial Drought Outlook over the CONUS using NASA-NEX Downscaled Climate Ensemble. *International Journal of Climatology*, 37(5).

Alemu, W.G., G.M. Henebry, 2016. Characterizing Cropland Phenology in Major Grain Production Areas of Russia, Ukraine, and Kazakhstan by the Synergistic Use of Passive Microwave and Visible to Near Infrared Data. *Remote Sensing*, 8(12).

Bottero, A., A.W. D'Amato, B.J. Palik, *et al.*, 2017. Density-Dependent Vulnerability of Forest Ecosystems to Drought. *Journal of Applied Ecology*, 54(6).

Alessandri, A., M. De Felice, N. Zeng, *et al.*, 2014. Robust Assessment of the Expansion and Retreat of Mediterranean Climate in the 21st Century. *Scientific Reports*, 4(3).

Ali, A., M. Hamid, 2018. Multi-dimensional Assessment of Drought Vulnerability in Africa: 1960～2100. *Science of the Total Environment*, 644.

Allen, C.D., D.D. Breshears and N.G. Mcdowell, 2015. On Underestimation of Global Vulnerability to Tree Mortality and Forest die-off from hotter drought in the Anthropocene. *Ecosphere*, 6(8).

Allen, C.D., A.K. Macalady, H. Chenchouni, *et al.*, 2010. A Global Overview of Drought and Heat-induced Tree Mortality Reveals Emerging Climate Change Risks for Forests. *Forest Ecology and Management*, 259(4).

Allen, R.G., L.S. Pereira, D. Raes, *et al.*, 1998. *Crop Evapotranspiration-Guidelines for Computing Crop Water Requirements*. FAO Irrigation and Drainage Paper 56. United Nations Food and Agriculture Organization, Rome.

Aragão, L.E., L.O. Anderson, M.G. Fonseca, *et al.*, 2018. 21st Century Drought-related Fires Counteract the Decline of Amazon Deforestation Carbon Emissions. *Nature communications*, 9(1).

Ayantobo, O.O., Y. Li, S.B. Song, *et al.*, 2017. Spatial Comparability of Drought Characteristics and Related Return Periods in Mainland China over 1961–2013. *Journal of Hydrology*, 550.

Bachmair, S., C. Svensson, J. Hannaford, *et al.*, 2016. A Quantitative Analysis to Objectively Appraise Drought Indicators and Modeldrought Impacts. *Hydrology and Earth System Sciences*, 20(7).

Bailey, R.G., 2009. *Ecosystem Geography: From Ecoregions to Sites. 2nd edition*. Springer, New York.

Barichivich, J., K.R. Briffa, T.J. Osborn, *et al.*, 2012. Thermal Growing Season and Timing of Biospheric Carbon Uptake across the Northern Hemisphere. *Global Biogeochemical Cycles*, 26(4).

Basso, B., J. Ritchie, 2014. Temperature and Drought Effects on Maize Yield. *Nature Climate Change*, 4(4).

Belda, M., E. Holtanová, J. Kalvová, *et al.*, 2016. Global Warming-induced Changes in Climate Zones based on CMIP5 Projections. *Climate Research*,

71(1).

Bentsen, M., I. Bethke, J.B. Debernard, *et al.*, 2013. The Norwegian Earth System Model, NorESM1-M—Part 1: Description and Basic Evaluation. *Geoscientific Model Development Discussions*, 6(3).

Bernal, M., M. Estiarte, J. Peñuelas, 2011. Drought Advances Spring Growth Phenology of the Mediterranean Shrub Erica Multiflora. *Plant Biology*, 13(2).

Birkmann, J., 2007. Risk and Vulnerability Indicators at Different Scales: Applicability, Usefulness and Policy Implications. *Environmental Hazards*, 7(1).

Birkmann, J., O.D. Cardona, M.L. Carreno, *et al.*, 2013. Framing Vulnerability, Risk and Societal Responses: the MOVE Framework. *Natural Hazards*, 67(2).

Borchert, R., 1994. Soil and Stem Water Storage Determine Phenology and Distribution of Tropical Dry Forest Trees. *Ecology*, 75(5).

Brown, J.F., G.A. Meier, 2015. *Exploring Drought Controls on Spring Phenology*. Global Change Research Centre, Brno.

Budyko, M.I., 1974. *Climate and Life*. Academic Press, New York.

Carrão, H., G. Naumann and P. Barbosa, 2016. Mapping Global Patterns of Drought Risk: An Empirical Framework based on Sub-National Estimates of Hazard, Exposure and Vulnerability. *Global Environmental Change*, 39.

Chan, D., Q.G. Wu, 2015. Significant Anthropogenic-induced Changes of Climate Classes since 1950. *Scientific Reports*, 5(1).

Chan, D., Q.G. Wu, G.X. Jiang, *et al.*, 2016. Projected Shifts in Köppen Climate Zones over China and Their Temporal Evolution in CMIP5 Multi-model Simulations. *Advances in Atmospheric Sciences*, 33(3).

Chen, X., L. Xu, 2012. Phenological Responses of Ulmus pumila (Siberian Elm) to Climate Change in the Temperate Zone of China. *International Journal of Biometeorology*, 56(4).

Choat, B., S. Jansen, T.J. Brodribb, *et al.*, 2012. Global Convergence in the

Vulnerability of Forests to Drought. *Nature*, 491(7426).

Ciais, P., M. Reichstein, N. Viovy, *et al.*, 2003. Europe-wide Reduction in Primary Productivity caused by the Heat and Drought in 2003. *Nature*, 437(7058).

Clark, J.S., L. Iverson, C.W. Woodall, *et al.*, 2016. The Impacts of Increasing Drought on FOrest Dynamics, Structure, and Biodiversity in the United States. *Global Change Biology*, 22(7).

Collins, W.J., N. Bellouin, M. Doutriaux-Boucher, *et al.*, 2011. Development and Evaluation of An Earth-system Model—HadGEM2. *Geoscientific Model Development Discussions*, 4(4).

Cong, N., T. Wang, H.J. Nan, *et al.*, 2013. Changes in Satellite–derived Spring Vegetation Green-up Date and its Linkage to Climate in China from 1982 to 2010: A Multimethod Analysis. *Global Change Biology*, 19(3).

Cook, B.I., J.S. Mankin and K.J. Anchukaitis, 2018. Climate Change and Drought: From Past to Future. *Current Climate Change Reports*, 4(2).

Cook, B.I., R.L. Miller and R. Seager, 2009. Amplification of the North American "Dust Bowl" Drought through Human-induced Land Degradation. *Proceedings of the National Academy of Sciences*, 106(13).

Cook, B.I., J.E. Smerdon, R. Seager, *et al.*, 2014. Global Warming and 21st Century Drying. *Climate Dynamics*, 43(9~10).

CRED, UNISDR, 2018. Economic Losses, Poverty and Disasters.

Cui, T.F., L. Martz and X.L. Guo, 2017. Grassland Phenology Response to Drought in the Canadian Prairies. *Remote Sensing*, 9(12).

Curtis, S., 2010. The El Niño-Southern Oscillation and Global Precipitation. *Geography Compass*, 2(3).

Dai, A.G., 2013. Increasing Drought under Global Warming in Observations and Models. *Nature Climate Change*, 3(1).

Dai, A.G., T.B. Zhao, 2017. Uncertainties in Historical Changes and Future Projections of Drought. Part I: Estimates of Historical Drought Changes. *Climatic Change*, 144(3).

Dai, J.H., H.J. Wang and Q.S. Ge, 2014. The Spatial Pattern of Leaf Phenology and Its Response to Climate Change in China. *International Journal of Biometeorology*, 58(4).

David, G., S.S. Mark, G. Owen, *et al.*, 2013. Sustainable Development Goals for People and Planet. *Nature*, 495(7441).

Deng, H.Y., Y.H. Yin and X. Han, 2020a. Vulnerability of Vegetation Activities to Drought in Central Asia. *Environmental Research Letters*, 15(8).

Deng, H.Y., Y.H. Yin, S.H. Wu, *et al.*, 2020b. Contrasting Drought Impacts on the Start of Phenological Growing Season in Northern China during 1982～2015. *International Journal of Climatology*, 40(7).

Diaz-Sarachaga, J.M., D. Jato-Espino, 2020. Analysis of Vulnerability Assessment Frameworks and Methodologies in Urban Areas. *Natural Hazards: Journal of the International Society for the Prevention and Mitigation of Natural Hazards*, 100.

Diffenbaugh, N.S., D.L. Swain and D. Touma, 2015. Anthropogenic Warming Has Increased Drought Risk in California. *Proceedings of the National Academy of Sciences of the United States of America*, 112(13).

Dong, B., A.G. Dai, 2015. The Influence of the Interdecadal Pacific Oscillation on Temperature and Precipitation over the Globe. *Climate Dynamics*, 45(9-10).

Dong, J.W., J.Y. Liu, G.L. Zhang, *et al.*, 2013. Climate Change Affecting Temperature and Aridity Zones: A Case Study in Eastern Inner Mongolia, China from 1960～2008. *Theoretical and Applied Climatology*, 113(3～4).

Doughty, C.E., D.B. Metcalfe, C.A.J. Girardin, *et al.*, 2015. Drought Impact on Forest Carbon Dynamics and Fluxes in Amazonia. *Nature*, 519(7541).

Dufresne, J.L., M.A. Foujols, S. Denvil, *et al.*, 2013. Climate Change Projections using the IPSL-CM5 Earth System Model: from CMIP3 to CMIP5. *Climate Dynamics*, 40(9-10).

Dunne, J.P., J.G. John, E. Shevliakova, *et al.*, 2013. GFDL's ESM2 Global Coupled Climate-carbon Earth System Models. Part I: Physical Formulation and Baseline Simulation Characteristics. *Journal of Climate*, 26(7).

Durack, P.J., S.E. Wijffels and R.J. Matear, 2012. Ocean Salinities Reveal Strong Global Water Cycle Intensification during 1950 to 2000. *Science*, 336(6080).

Engelbrecht, C.J., F.A. Engelbrecht, 2016. Shifts in Köppen–Geiger Climate Zones over Southern Africa in Relation to Key Global Temperature Goals. *Theoretical and Applied Climatology*, 123(1-2).

Esquivel-Muelbert, A., T.R. Baker, K.G. Dexter, *et al.*, 2017. Seasonal Drought Limits Tree Species across the Neotropics. *Ecography*, 40(5).

Fan, B.H., L. Guo, N. Li, *et al.*, 2014. Earlier Vegetation Green-up Has Reduced Spring Dust Storms. *Scientific Reports*, 4.

FAO, 2018. The Impact of Disasters on Agriculture and Food Security. Rome.

Feng, S., C.H. Ho, Q. Hu, *et al.*, 2012. Evaluating Observed and Projected Future Climate Changes for the Arctic using the Köppen–Trewartha Climate Classification. *Climate Dynamics*, 38(7-8).

Feng, S., Q. Hu, W. Huang, *et al.*, 2014. Projected Climate Regime Shift under Future Global Warming from Multi-model, Multi-scenario CMIP5 Simulations. *Global and Planetary Change*, 112(1).

Franzke, C., 2012. Nonlinear Trends, Long-range Dependence, and Climate Noise Properties of Surface Temperature. *Journal of Climate*, 25(12).

Friedl, M., D. Sulla-Menashe, 2019. MCD12Q1 MODIS/Terra+Aqua Land Cover Type Yearly L3 Global 500m SIN Grid V006. NASA EOSDIS Land Processes DAAC.

Füssel, H.M., R.J.T. Klein, 2006. Climate Change Vulnerability Assessments: An Evolution of Conceptual Thinking. *Climatic Change*, 75(3).

Gang, C., W. Zhou, Z. Wang, *et al.*, 2015. Comparative Assessment of Grassland NPP Dynamics in Response to Climate Change in China, North America, Europe and Australia from 1981 to 2010. *Journal of Agronomy and Crop Science*, 201(1).

Gao, B.C., 1996. NDWI—A Normalized Difference Water Index for Remote

Sensing of Vegetation Liquid Water from Space. *Remote Sensing of Environment*, 58(3).

Ge, Q.S., J.H. Dai, H.J. Cui, *et al.*, 2016. Spatiotemporal Variability in Start and End of Growing Season in China Related to Climate Variability. *Remote Sensing*, 8(5).

Ge, Q.S., H.J. Wang, T. Rutishauser, *et al.*, 2015. Phenological Response to Climate Change in China: A Meta-analysis. *Global Change Biology*, 21(1).

Gerald, M., S. Bernhard, H. Dietrich, *et al.*, 2014. Replicated Throughfall Exclusion Experiment in an Indonesian Perhumid Rainforest: Wood Production, Litter Fall and Fine Root Growth under Simulated Drought. *Global change biology*, 20(5).

Gill, A.L., A.S. Gallinat, R. Sandersdemott, *et al.*, 2015. Changes in Autumn Senescence in Northern Hemisphere Deciduous Trees: A Meta-analysis of Autumn Phenology Studies. *Annals of Botany*, 116(6).

Glick, P., B.A. Stein, 2011. Scanning the Conservation Horizon: A Guide to Climate Change Vulnerability Assessment.

Gremer, J.R., J.B. Bradford, S.M. Munson, *et al.*, 2015. Desert Grassland Responses to Climate and Soil Moisture Suggest Divergent Vulnerabilities across the Southwestern United States. *Global change biology*, 21(11).

Greve, P., B. Orlowsky, B. Mueller, *et al.*, 2014. Global Assessment of Trends in Wetting and Drying over Land. *Nature Geoence*, 7(10).

Grundstein, A., 2008. Assessing Climate Change in the Contiguous United States using a Modified Thornthwaite Climate Classification Scheme. *Professional Geographer*, 60(3).

Hagenlocher, M., I. Meza, C.C. Anderson, *et al.*, 2019. Drought Vulnerability and Risk Assessments: state of the Art, Persistent Gaps, and Research Agenda. *Environmental Research Letters*, 14(8).

Halwatura, D., M.M.M. Najim, 2013. Application of the HEC-HMS Model for Runoff Simulation in A Tropical Catchment. *Environmental Modelling and Software*, 46.

Harris, I., P.D. Jones, T.J. Osborn, *et al.*, 2014. Updated High-resolution Grids of Monthly Climatic Observations—The CRU TS3.10 Dataset. *International Journal of Climatology*, 34(3).

Hayes, M.J., O.V. Wilhelmi and C.L. Knutson, 2004. Reducing Drought Risk: Bridging Theory and Practice. *Natural Hazards Review*, 5(2).

He, Z.B., J. Du, L.F. Chen, *et al.*, 2018. Impacts of Recent Climate Extremes on Spring Phenology in Arid-mountain Ecosystems in China. *Agricultural and Forest Meteorology*, s 260~261.

Heim, R.R., 2002. A Review of Twentieth-century Drought Indices used in the United States. *Bulletin of the American Meteorological Society*, 83(8).

Hempel, S., K. Frieler, L. Warszawski, *et al.*, 2013. A Trend-preserving Bias Correction—The ISI-MIP approach. *Earth System Dynamics*, 4(2).

Houborg, R., M. Rodell, B. Li, *et al.*, 2012. Drought Indicators Based on Model-Assimilated Gravity Recovery and Climate Experiment (GRACE) Terrestrial Water Storage Observations. *Water Resources Research*, 48(7).

Houze, R.A., 2012. Orographic Effects on Precipitating Clouds. *Reviews of Geophysics*, 50(1).

Huang, J.P., M.X. Ji, Y.K. Xie, *et al.*, 2016a. Global Semi-arid Climate Change over Last 60 Years. *Climate Dynamics*, 46(3~4).

Huang, J.P., H.P. Yu, X.D. Guan, *et al.*, 2016b. Accelerated Dryland Expansion under Climate Change. *Nature Climate Change*, 6(2).

Huang, N.E., Z. Shen, S.R. Long, *et al.*, 1998. The Empirical Mode Decomposition and the Hilbert Spectrum for Nonlinear and Non-stationary Time Series Analysis. *Proceedings Mathematical Physical and Engineering Sciences*, 454(1971).

Huang, N.E., Z.H. Wu, 2008. A review on Hilbert-Huang transform: Method and Its Applications to Geophysical Studies. *Reviews of Geophysics*, 46(2).

Hui, P.H., J.P. Tang, S.Y. Wang, *et al.*, 2018. Climate Change Projections over China using Regional Climate Models forced by Two CMIP5 Global Models. Part II: Projections of Future Climate. *International Journal of*

Climatology, 38(1).

Hurrell, J.W., H.V. Loon, 1997. Decadal Variations in Climate Associated with the North Atlantic Oscillation. *Climatic Change*, 36(3～4).

IPCC., 2012. *Summary for Policymakers. In: Managing the Risks of Extreme Events and Disasters to Advance Climate Change Adaptation.* In: Field, C.B., V. Barros, T.F. Stocker, *et al.,* (eds) *A Special Report of Working Groups I and II of the Intergovernmental Panel on Climate Change.* Cambridge University Press, Cambridge and New York.

IPCC., 2013. *Climate Change 2013: the Physical Science Basis. Contribution of Working Group I to the Fifth Assessment Report of the Intergovernmental Panel on Climate Change.* Cambridge University Press, Cambridge University Press, Cambridge and New York.

IPCC., 2014. *Climate change 2014: Impacts, Adaptation, and Vulnerability. Part A: global and sectoral aspects. Contribution of Working Group II to the Fifth Assessment Report of the Intergovernmental Panel on Climate Change.* Cambridge University Press, Cambridge and New York.

IRGC., 2005. Risk Governance—Towards an Integrative Approach, White Paper no 1, O. Renn with an Annex by P. Graham.

Jeong, S.J., C.H. Ho, H.J. Gim, *et al.*, 2011. Phenology Shifts at Start VS. End of Growing Season in Temperate Vegetation over the Northern Hemisphere for the Period 1982～2008. *Global Change Biology*, 17(7).

Jha, S., J. Das, A. Sharma, *et al.*, 2019. Probabilistic Evaluation of Vegetation Drought Likelihood and Its Implications to Resilience across India. *Global and Planetary Change*, 176.

Ji, F., Z. Wu, J. Huang, *et al.*, 2014. Evolution of Land Surface Air Temperature Trend. *Nature Climate Change*, 4(6).

Jordi, M.V., L. Francisco and D.B. David, 2012. Drought-induced Forest Decline: Causes, Scope and Implications. *Biology Letters*, 8(5).

Jorge, N., V. Abraham, L. Camila, *et al*., 2017. Reconciling Drought Vulnerability Assessment Using a Convergent Approach: Application to

Water Security in the Elqui River Basin, North–Central Chile. *Water*, 9(8).

Kang, W.P., T. Wang and S.L. Liu, 2015. The Response of Vegetation Phenology and Productivity to Drought in Semi-Arid Regions of Northern China. *Remote Sensing*, 10(5).

Keenan, T.F., A.D. Richardson, 2015. The Timing of Autumn Senescence is Affected by the Timing of Spring Phenology: Implications for Predictive Models. *Global Change Biology*, 21(7).

Khan, M.Z.K., A. Sharma and R. Mehrotra, 2017. Global Seasonal Precipitation Forecasts using Improved Sea Surface Temperature Predictions. *Journal of Geophysical Research Atmospheres*, 122(9).

Kim, H., J. Park, J. Yoo, *et al.*, 2015. Assessment of Drought Hazard, Vulnerability, and Risk: A Case Study Foradministrative Districts in South Korea. *Journal of Hydro-environment Research*, 9(1).

Klos, R.J., G.G. Wang, W.L. Bauerle, *et al.*, 2009. Drought Impact on FOrest Growth and Mortality in the Southeast USA: An Analysis using Forest Health and Monitoring data. *Ecological Applications*, 19(3).

Knutti, R., R. Furrer, C. Tebaldi, *et al.*, 2010. Challenges in Combining Projections from Multiple Climate Models. *Journal of Climate*, 23(10).

Koster, R.D., P.A. Dirmeyer, Z. Guo, *et al.*, 2004. Regions of Strong Coupling Between Soil Moisture and Precipitation. *Science*, 305(1138-1140).

Koutroulis, A.G., M.G. Grillakis, I.K. Tsanis, *et al.*, 2018. Mapping the Vulnerability of European Summer Tourism under 2 °C Global Warming. *Climatic Change*, 151.

Lauenroth, W.K., J.B. Bradford, 2009. Ecohydrology of Dry regions of the United States: Precipitation Pulses and Intraseasonal Drought. *Ecohydrology*, 2(2).

Lechat, M.F., 1990. *The International Decade for Natural Disaster Reduction: Background and Objectives*. Blackwell, New Jersey.

Lehner, B., P. Dll J., Alcamo, *et al.*, 2006. Estimating the Impact of Global Change on Flood and Drought Risks in Europe: A Continental, Integrated

Analysis. *Climatic Change*, 75(3).

Lei, T.J., J.J. Wu, X.H. Li, *et al.*, 2015. A New Framework for Evaluating the Impacts of Drought on Net Primary Productivity of Grassland. *Science of the Total Environment*, 536.

Li, H., H.D. Wang, H.G. Sui, *et al.*, 2019a. Mapping the Spatial-temporal Dynamics of Vegetation Response Lag to Drought in A Semi-arid region. *Remote Sensing*, 11(16).

Li, K., G. Huang and S. Wang, 2019b. Market-based Stochastic Optimization of Water Resources Systems for Improving Drought Resilience and Economic Efficiency in Arid Regions. *Journal of Cleaner Production*, 233.

Li, Y., N. Yao and H.W. Chau, 2017. Influences of Removing Linear and Nonlinear Trends from Climatic Variables on Temporal Variations of Annual Reference Crop Evapotranspiration in Xinjiang, China. *Science of the Total Environment*, 592(AUG.15).

Li, Y., Z. Zeng, L. Zhao, *et al.*, 2015a. Spatial Patterns of Climatological Temperature Lapse Rate in Mainland China: A multi–time scale investigation. *Journal of Geophysical Research Atmospheres*, 120(7).

Li, Z., Z. Tao, Z. Xiang, *et al.*, 2015b. Assessments of Drought Impacts on Vegetation in China with the Optimal Time Scales of the Climatic Drought Index. *International Journal of Environmental Research and Public Health*, 12(7).

Lin, L., A. Gettelman, Q. Fu, *et al.*, 2018. Simulated Differences in 21st Century Aridity due to Different Scenarios of Greenhouse Gases and Aerosols. *Climatic Change*, 146.

Lindner, M., M. Maroschek, S. Netherer, *et al.*, 2010. Climate Change Impacts, Adaptive Capacity, and Vulnerability of European Forest Ecosystems. *Forest Ecology and Management*, 259(4).

Link, R., T.B. Wild, A.C. Snyder, *et al.*, 2020. 100 Years of Data is not Enough to Establish Reliable Drought Thresholds. *Journal of Hydrology*, 7.

Liu, C.Y., X.F. Dong and Y.Y. Liu, 2015. Changes of NPP and Their Relationship to Climate Factors based on the Transformation of Different Scales in Gansu, China. *Catena*, 125.

Liu, Q., Y.S. Fu, Z.C. Zhu, *et al*., 2016. Delayed Autumn Phenology in the Northern Hemisphere is Related to Change in Both Climate and Spring Phenology. *Global Change Biology*, 22(11).

Liu, S.L., Y.Q. Zhang, F.Y. Cheng, *et al*., 2017. Response of Grassland Degradation to Drought at Different Time-scales in Qinghai Province: Spatio-temporal Characteristics, Correlation, and Implications. *Remote Sensing*, 9(12).

Lloyd-Hughes, B., M.A. Saunders, 2002. A Drought Climatology for Europe. *International Journal of Climatology*, 22(13).

Lobell, D.B., G.L. Hammer, K. Chenu, *et al*., 2015. The Shifting Influence of Drought and Heat Stress for Crops in Northeast Australia. *Global Change Biology*, 21(11).

Ma, S.X., A.J. Pitman, R. Lorenz, *et al*., 2016. Earlier Green-up and Spring Warming Amplification over Europe. *Geophysical Research Letters*, 43(5).

Marshall, N.A., C.J. Stokes, N.P. Webb, *et al*., 2014. Social Vulnerability to Climate Change in Primary Producers: A Typology Approach. *Agriculture Ecosystems and Environment*, 186.

Matusick, G., K.X. Ruthrof, N.C. Brouwers, *et al*., 2013. Sudden Forest Canopy Collapse Corresponding with Extreme Drought and Heat in A Mediterranean-type Eucalypt Forest in Southwestern Australia. *European Journal of Forest Research*, 132(3).

Mcdowell, N.G., D.J. Beerling, D.D. Breshears, *et al*., 2011. The Interdependence of Mechanisms Underlying Climate-driven Vegetation Mortality. *Trends in Ecology and Evolution*, 26(10).

McDowell, N.G., R.A. Fisher, C. Xu, *et al*., 2013. Evaluating Theories of Drought-induced Vegetation Mortality Using a Multimodel–experiment Framework. *New Phytologist*, 200(2).

Mckee, T.B., N.J. Doesken and J. Kleist, 1993. The Relationship of Drought

Frequency and Duration to Time Scales. In: Proceedings of the 8th Conference of Applied Climatology, Anaheim (CA), 17～22 January 1993. American Meteorological Society.

Meinshausen, M., S.J. Smith, K. Calvin, *et al.*, 2011. The RCP Greenhouse Gas Concentrations and Their Extensions from 1765 to 2300. *Climatic Change*, 109(1～2).

Meque, A., B.J. Abiodun, 2015. Simulating the Link between ENSO and Summer Drought in Southern Africa using Regional Climate Models. *Climate Dynamics*, 44(7-8).

Meza, I., S. Siebert, P. Döll, *et al.*, 2020. Global-scale Drought Risk Assessment for Agricultural Systems. *Natural Hazards and Earth System Sciences*, 20(2).

Mishra, A.K., V.P. Singh, 2010. A review of drought concepts. *Journal of Hydrology*, 391(1-2).

Mohmmed, A., J. Li, J. Elaru, *et al.*, 2018. Assessing Drought Vulnerability and Adaptation among Farmers in Gadaref Region, Eastern Sudan. *Land Use Policy*, 70.

Montaseri, M., B. Amirataee and H. Rezaie, 2018. New Approach in Bivariate Drought Duration and Severity Analysis. *Journal of Hydrology*, 559.

Moss, R.H., J.A. Edmonds, K.A. Hibbard, *et al.*, 2010. The Next Generation of Scenarios for Climate Change Research and Assessment. *Nature*, 463 (7282).

Nalbantis, I., G. Tsakiris, 2009. Assessment of Hydrological Drought Revisited. *Water Resources Management*, 23(5).

Nardo, M., M. Saisana, A. Saltelli, *et al.*, 2008. Handbook on Constructing Composite Indicators: Methodology and User Guide. Organization for Economic Co-operation and Development, Paris.

Nauman, G., P. Barbosa, L. Garrote, *et al.*, 2014. Exploring Drought Vulnerability in Africa: An Indicator based Analysis to be used in Early Warning Systems. *Hydrology and Earth System Sciences*, 18(5).

Naumann, G., W. Vargas, P. Barbosa, *et al.*, 2019. Dynamics of Socioeconomic Exposure, Vulnerability and Impacts of Recent Droughts in Argentina. *Geosciences*, 9(1).

Nicholson, S.E., C.J. Tucker and M.B. Ba, 2010. Desertification, Drought, and Surface Vegetation: An Example from the West African Sahel. *Bulletin of the American Meteorological Society*, 79(5).

Okada, N., 2003. Conference road map.

Oki, T., S. Kanae, 2006. Global Hydrological Cycles and World Water Resources. *Science*, 313(5790).

Palchaudhuri, M., S. Biswas, 2016. Application of AHP with GIS in Drought Risk Assessment for Puruliya District, India. *Natural Hazards*, 2016, 84(3).

Palmer, W.C., 1965. *Meteorological drought*. In: Weather Bureau Research Paper 45. U.S. Department of Commerce, Washington D.C..

Park, S., J. Im, E. Jang, *et al.*, 2016. Drought Assessment and Monitoring Through Blending of Multi-sensor Indices using Machine Learning Approaches for Different Climate Regions. *Agricultural and Forest Meteorology*, 216.

Parry, M.L., O.F. Canziani, J.P. Palutikof, *et al.*, 2007. Climate Change 2007: Impacts, Adaptation and Vulnerability. Contribution of Working Group II to the Fourth Assessment Report of the Intergovernmental Panel on Climate Change. Summary for Policymakers. *Tidee*, 19(2).

Páscoa, P., C.M. Gouveia, A.C. Russo, *et al.*, 2018. Vegetation Vulnerability to Drought on Southeastern Europe. *Hydrology and Earth System Sciences Discussions*, 126(6).

Peck, D.E., J.M. Peterson, 2013. Climate Variability and Water-dependent Sectors: Impacts and Potential Adaptations. *Journal of Natural Resources Policy Research*, (Special Issue).

Peduzzi, P., H. Dao, C. Herold, *et al.*, 2009. Assessing Global Exposure and Vulnerability Towards Natural Hazards: the Disaster Risk Index. *Natural Hazards & Earth System Sciences*, 9(4).

Pendergrass, A.G., R. Knutti, F. Lehner, *et al.*, 2017. Precipitation Variability Increases in a Warmer Climate. *Scientific Reports*, 7(1).

Peñuelas, J., I. Filella, 2001. Phenology-Responses to a Warming World. *Science*, 294(5543).

Perugini, L., L. Caporaso, S. Marconi, *et al.*, 2017. Biophysical Effects on Temperature and Precipitation due to Land Cover Change. *Environmental Research Letters*, 12(5).

Phillips, O.L., L.E.O.C. Aragao, S.L. Lewis, *et al.*, 2009. Drought Sensitivity of the Amazon Rainforest. *Science*, 323(5919).

Piao, S.L., J.G. Tan, A.P. Chen, *et al.*, 2015. Leaf Onset in the Northern Hemisphere Triggered by Daytime Temperature. *Nature Communications*, 6.

Pierce, D.W., T.P. Barnett, B.D. Santer, *et al.*, 2009. Selecting Global Climate Models for Regional Climate Change Studies. *Proceedings of the National Academy of Sciences of the United States of America*, 106(21).

Pope, K.S., V. Dose and S.D. Da, *et al.*, 2013. Detecting Nonlinear Response of Spring Phenology to Climate Change by Bayesian Analysis. *Global Change Biology*, 19(5).

Potopová, V., P. Stěpánek, M. Mozny, *et al.*, 2015. Performance of the Standardised Precipitation Evapotranspiration Index at Various Lags for Agricultural Drought Risk Assessment in the Czech Republic. *Agricultural and Forest Meteorology*, 202.

Potter, C.S., J.T. Rerson, C.B. Field, *et al.*, 1993. Terrestrial Ecosystem Production: A Process Model Based on Global Satellite and Surface Data. *Global Biogeochemical Cycles*, 7(4).

Programme, U.N.D., 2013. *The Rise of the South: Human Progress in A Diverse World.* Published for the United Nations Development Programme (UNDP).

Propastin, P., M. Kappas and N. Muratova, 2008. Inter-annual Changes in Vegetation Activities and Their Relationship to Temperature and Precipitation in Central Asia from 1982 to 2003. *Journal of Environmental*

Informatics, 12(2).

Qian, C., T.J. Zhou, 2014. Multidecadal Variability of North China Aridity and Its Relationship to PDO during 1900～2010. *Journal of Climate*, 27(3).

Reddy, M.J., P. Ganguli, 2012. Application of Copulas for Derivation of Drought Severity-duration-frequency Curves. *Hydrological Processes*, 26(11).

Ren, L., P. Arkin, T.M. Smith, *et al.*, 2013. Global Precipitation Trends in 1900～2005 from A Reconstruction and Coupled Model Simulations. *Journal of Geophysical Research Atmospheres*, 118(4).

Rey, D., I.P. Holman and J.W. Knox, 2017. Developing Drought Resilience in Irrigated Agriculture in the Face of Increasing Water Scarcity. *Regional Environmental Change*, 17(5).

Richard R., J. Heim, 2002. A Review of Twentieth-century Drought Indices used in the United States. *Bulletin of the American Meteorological Society*, 24(1).

Romo-Leon, J.R., W.J.D.V. Leeuwen and A. Castellanos-Villegas, 2016. Land Use and Environmental Variability Impacts on the Phenology of Arid Agro-ecosystems. *Environmental Management*, 57(2).

Rossi, G., A. Cancelliere, 2013. Managing Drought Risk in Water Supply Systems in Europe: A Review. *International Journal of Water Resources Development*, 29(2).

Rufat, S., E. Tate, C.G. Burton, *et al.*, 2015. Social Vulnerability to Floods: Review of Case Studies and Implications for Measurement. *International Journal of Disaster Risk Reduction*, 14.

Sandholt, I., K. Rasmussen and J. Andersen, 2002. A Simple Interpretation of the Surface Temperature/Vegetation Index Space for Assessment of Surface Moisture Status. *Remote Sensing of Environment*, 79(2～3).

Sangüesa-Barreda, G., J.J. Camarero, J. Oliva, *et al.*, 2015. Past Logging, Drought and Pathogens Interact and Contribute to Forest Dieback. *Agricultural and Forest Meteorology*, 208.

Scheff, J., D.M.W. Frierson, 2015. Terrestrial Aridity and Its Response to Greenhouse Warming across CMIP5 Climate Models. *Journal of Climate*,

28(14).

Scholze, M., W. Knorr, N.W. Arnell, *et al.*, 2006. A Climate-change Risk Analysis for World Ecosystems. *Proceedings of the National Academy of Sciences*, 103(35).

Schwalm, C.R., W.R. Anderegg, A.M. Michalak, *et al.*, 2017. Global Patterns of Drought Recovery. *Nature*, 548(7666).

Seneviratne, S.I., T. Corti, E.L. Davin, *et al.*, 2010. Investigating Soil Moisture–Climate Interactions in a Changing Climate: A Review. *Earth Science Reviews*, 99(3~4).

Sharma, S., P. Mujumdar, 2017. Increasing Frequency and Spatial Extent of Concurrent Meteorological Droughts and Heatwaves in India. *Scientific Reports*, 7(1).

Sheffield, J., K.M. Andreadis, E.F. Wood, *et al.*, 2009. Global and Continental Drought in the Second Half of the Twentieth Century: Severity–Area–Duration Analysis and Temporal Variability of Large-scale Events. *Journal of Climate*, 22(8).

Sherwood, S., Q. Fu, 2014. A Drier Future?. *Science*, 343(6172).

Shi, X.L., D.S. Zhao, S.H. Wu, *et al.*, 2016. Climate Change Risks for Net Primary Production of Ecosystems in China. *Human and Ecological Risk Assessment An International Journal*, 22(4).

Shiau, JT., 2006. Fitting Drought Duration and Severity with Two-dimensional Copulas. *Water Resources Management*, 20(5).

Shiferaw, B., K. Tesfaye, M. Kassie, *et al.*, 2014. Managing Vulnerability to Drought and Enhancing Livelihood Resilience in sub-Saharan Africa: Technological, Institutional and Policy Options. *Weather and Climate Extremes*, 3.

Shukla, S., A. Mcnally, G. Husak, *et al.*, 2014. Seasonal Drought Forecast System for Food-insecure Regions of East Africa. *Hydrology and Earth System Sciences*, 11(3).

Shukla, S., A.W. Wood, 2008. Use of A Standardized Runoff Index for

Characterizing Hydrologic Drought. *Geophysical Research Letters*, 35(2).

Silva, F.C.E., A.C. Correia, A. Piayda, *et al*., 2015. Effects of An Extremely Dry Winter on Net Ecosystem Carbon Exchange and Tree Phenology at A Cork Oak Woodland. *Agricultural and Forest Meteorology*, 204.

Sivakumar, M.V.K., D.A. Wilhite, R.S. Pulwarty, *et al*., 2014. The High-level Meeting on National Drought Policy. *Bulletin of the American Meteorological Society*, 95(4).

Sneyers, R., 1990. On the Statistical Analysis of Series of Observations. *Journal of Biological Chemistry*, 258(22).

Sparks, T.H., A. Menzel, 2002. Observed Changes in Seasons: An Overview. *International Journal of Climatology*, 22(14).

Spinoni, J., F. Micale, H. Carrão, *et al*., 2013. Global and Continental Changes of Arid Areas using the FAO Aridity Index over the Periods 1951~1980 and 1981~2010. EGU General Assembly Conference Abstracts.

Spinoni, J., J. Vogt, G. Naumann, *et al*., 2015. Towards Identifying Areas at Climatological Risk of Desertification using the Köppen–Geiger Classification and FAO aridity index. *International Journal of Climatology*, 35(9).

Steinkamp, J., T. Hickler, 2015. Is Drought-induced Forest Dieback globally increasing?. *Journal of Ecology*, 103(1).

Stovall, A.E.L., H. Shugart and X. Yang, 2019. Tree Height Explains Mortality RIsk during An Intense Drought. *Nature communications*, 10(1).

Su, B.D., J.L. Huang, T. Fischer, *et al*., 2018. Drought Losses in China Might Double between the 1.5 C and 2.0 C Warming. *Proceedings of the National Academy of Sciences*, 115(42).

Su, Y.Z., B. Guo, Z.T. Zhou, *et al*., 2020. Spatio-temporal Variations in Groundwater Revealed by GRACE and Its Driving Factors in the Huang–Huai–Hai Plain, China. *Sensors*, 20(3).

Sweet, S.K., D.W. Wolfe, A. DeGaetano, *et al*., 2017. Anatomy of the 2016 drought in the Northeastern United States: Implications for Agriculture and

Water Resources in Humid Climates. *Agricultural and Forest Meteorology*, 247.

Sylla, M.B., N. Elguindi, F. Giorgi, *et al.*, 2015. Projected Robust Shift of Climate Zones over West Africa in Response to Anthropogenic Climate Change for the Late 21st Century. *Climatic Change*, 134(1-2).

Tánago, I.G., J. Urquijo, V. Blauhut, *et al.*, 2016. Learning from Experience: A Systematic Review of Assessments of Vulnerability to Drought. *Natural Hazards*, 80(2).

Taylor, K.E., R.J. Stouffer and G.A. Meehl, 2012. An Overview of CMIP5 and the Experiment Design. *Bulletin of the American Meteorological Society*, 93(4).

Teuling, A.J., S.I. Seneviratne, R. Stckli, *et al.*, 2010. Contrasting Response of European Forest and Grassland Energy Exchange to Heatwaves. *Nature Geoscience*, 3(10).

Thornthwaite, C.W., 1948. An Approach Toward a Rational Classification of Climate. *Geography Review*, 38(1).

Touma, D., M. Ashfaq, M.A. Nayak, *et al.*, 2015. A Multi-model and Multi-index Evaluation of Drought Characteristics in the 21st Century. *Journal of Hydrology*, 526.

Tu, X.J., V.P. Singh, X.H. Chen, *et al.*, 2016. Uncertainty and Variability in Bivariate Modeling of Hydrological Droughts. *Stochastic Environmental Research & Risk Assessment*, 30(5).

Tucker, C., J. Pinzon, M. Brown, *et al.*, 2005. An Extended AVHRR 8km NDVI Dataset Compatible with MODIS and SPOT Vegetation NDVI Data. *International Journal of Remote Sensing*, 26(20).

UNEP, 2009. *Vulnerability Assessment of Freshwater Resources to Environmental Change—Methodologies Guidelines*. Nairobi, Kenya.

UNEP/BCPR, 2003. *Global Risk And Vulnerability Index Trends per Year (GRAVITY) Phase III: Drought analysis*. Nairobi, Kenya.

UNISDR, 2014. *Living with Risk: A Global Review of Disaster Reduction*

Initiatives Geneva: United Nations. United Nations Publications, Geneva, Switzerland.

UNISDR, 2005. *Hyogo Framework for Action 2005～2015: Building the Resilience of Nations and Communities to Disasters*. The United Nations International Strategy for Disaster Reduction Geneva.

UNISDR, 2009. *Terminology on Disaster Risk Reduction*. Geneva, Switzerland.

Van Oijen, M., J. Balkovi, C. Beer, *et al.*, 2014. Impact of Droughts on the Carbon Cycle in European Vegetation: A Probabilistic Risk Analysis using Six Vegetation models. *Biogeosciences*, 11(22).

Van Oijen, M., C. Beer, W. Cramer, *et al.*, 2013. A Novel Probabilistic Risk Analysis to Determine the Vulnerability of Ecosystems to Extreme Climatic events. *Environmental Research Letters*, 8(1).

Vargas, J., P. Paneque, 2019. Challenges for the Integration of Water Resource and Drought-risk Management in Spain. *Sustainability*, 11(2).

Vicente-Serrano, S.M., S. Beguería and J.I. Lópezmoreno, 2010. A Multiscalar Drought Index Sensitive to Global Warming: The Standardized Precipitation Evapotranspiration Index. *Journal of Climate*, 23(7).

Vicente-Serrano, S.M., C. Gouveia, J.J. Camarero, *et al.*, 2012a. Response of Vegetation to Drought Time-scales across Global Land Biomes. *Proceedings of the National Academy of Sciences*, 110(1): 52～57.

Vicente-Serrano, S.M., J.I. López-Moreno, S. Beguería, *et al.*, 2012b. Accurate Computation of A Streamflow Drought Index. *Journal of Hydrologic Engineering*, 17(2).

Vicente-Serrano, S.M., S. Beguería and J.I. Lópezmoreno, 2010. A Multiscalar Drought Index Sensitive to Global Warming: The Standardized Precipitation Evapotranspiration Index. *Journal of Climate*, 23(7).

Wada, Y., L.P. Van Beek and N. Wanders, *et al.*, 2013. Human Water Consumption Intensifies Hydrological Drought Worldwide. *Environmental Research Letters*, 8(3).

Wagg, C., M.J. O'Brien, A. Vogel, *et al.*, 2017. Plant Diversity Maintains Long-term Ecosystem Productivity under Frequent Drought by Increasing Short-term variation. *Ecology*, 98(11).

Wang, G.J., W.J. Cai, 2020. Two-year Consecutive Concurrences of Positive Indian Ocean Dipole and Central Pacific El Nino Preconditioned The 2019/2020 Australian "Black Summer" Bushfires. *Geoscience Letters*, 7(1).

Wang, H., G.H. Liu, Z.S. Li, *et al.*, 2016. Driving Force and Changing Trends of Vegetation Phenology in the Loess Plateau of China from 2000 to 2010. *Journal of Mountain Science*, 13(5).

Wang, H.J., J.H. Dai and Q.S. Ge, 2014. Comparison of Satellite and Ground-based Phenology in China's Temperate Monsoon Area. *Advances in Meteorology*, 2014.

Wang, H.J., T. Rutishauser, Z.X. Tao, *et al.*, 2017. Impacts of Global Warming on Phenology of Spring Leaf Unfolding Remain Stable in the Long Run. *International Journal of Biometeorology*, 61(2).

Wang, H.Y., B. He, Y.F. Zhang, *et al.*, 2018. Response of Ecosystem Productivity to Dry/Wet Conditions Indicated by Different Drought Indices. *Science of the Total Environment*, 612.

Wang, Q., Y.T. Liu, Y.Z. Zhang, *et al.*, 2019. Assessment of Spatial Agglomeration of Agricultural Drought Disaster in China from 1978 to 2016. *Scientific reports*, 9(1).

Warszawski, L., K. Frieler, V. Huber, *et al.*, 2014. The Inter-sectoral Impact Model Intercomparison Project (ISI–MIP): Project Framework. *Proceedings of the National Academy of Sciences of the United States of America*, 111(9).

Watanabe, S., T. Hajima, K. Sudo, *et al.*, 2011. MIROC-ESM 2010: Model Description and Basic Results of CMIP5-20c3m Experiments. *Geoscientific Model Development*, 4(4).

WB, 2012. *Turn Down the Heat: Why a 4°C Warmer World Must be Avoided.* World Bank, Washington, DC.

Welker, J.M., S. Rayback and G.H.R. Henry, 2010. Arctic and North Atlantic

Oscillation Phase Changes are Recorded in the Isotopes (δ18O and δ13C) of Cassiope Tetragona Plants. *Global Change Biology*, 11(7).

Wells, N., S. Goddard, M.J. Hayes, 2004. A Self-calibrating Palmer Drought Severity Index. *Journal of Climate*, 17(12).

White, M.A., R.R. Nemani, P.E. Thornton, *et al.*, 2002. Satellite Evidence of Phenological Differences Between Urbanized and Rural Areas of the Eastern United States Deciduous Broadleaf Forest. *Ecosystems*, 5(3).

Wilhite, D.A., 2000. *Drought: A Global Assessment. Vol 2*. Routledge, London.

Wilhite, D.A., 2016. Introduction: Managing Drought Risk in a Changing Climate. *Climate Research*, 70(2).

Wilhite, D.A., M. Buchanan-Smith, 2005. *Drought as Hazard: Understanding the Natural and Social Context*. In: Wilhite, D.A. (ed) *Drought and Water Crises. Boca Raton*, Taylor and Francis, Oxfordshire.

Wilhite, D.A., M.H. Glantz, 1985. Understanding: the Drought Phenomenon: The Role of Definitions. *Water International*, 10(3).

WMO, GWP 2014. National Drought Management Policy Guidelines: A Template for Action (D.A. Wilhite). Integrated Drought Management Programme (IDMP) Tools and Guidelines Series 1. WMO, Geneva, Switzerland and GWP, Stockholm, Sweden.

Wu, C.Y., X.Y. Wang, H.J. Wang, *et al.*, 2018. Contrasting Responses of Autumn-leaf Senescence to Daytime and Night-time Warming. *Nature Climate Change*, 8(12).

Wu, S.H., J.B. Gao, B.G. Wei, *et al.*, 2020. Building a Resilient Society to Reduce Natural Disaster Risks. *Science Bulletin*, 65(21).

Wu, Z., N.E. Huang, 2004. A Study of the Characteristics of White Noise using the Empirical Mode Decomposition Method. *Proceedings Mathematical Physical and Engineering Sciences*, 460(2046).

Wu, Z.H., N.E. Huang, 2009. Ensemble Empirical Mode Decomposition: A Noise Assisted Data Analysis Method. *Advances in Adaptive Data Analysis*, 1(1).

Wu, Z.H., N.E. Huang, J.M. Wallace, *et al.*, 2011. On the Time-varying Trend in Global-mean Surface Temperature. *Climate Dynamics*, 37(3-4).

Xiao, J.F., 2014. Satellite Evidence for Significant Biophysical Consequences of the "Grain for Green" Program on the Loess Plateau in China. *Journal of Geophysical Research-Biogeosciences*, 119(12).

Xu, C.G., N.G. McDowell, R.A. Fisher, *et al.*, 2019. Increasing Impacts of Extreme Droughts on Vegetation Productivity under Climate Change. *Nature Climate Change*, 9(12).

Xu, K., D.W. Yang, H.B. Yang, *et al.*, 2015. Spatio-temporal Variation of Drought in China during 1961~2012: A Climatic Perspective. *Journal of Hydrology*, 526(3).

Yachi, S., M. Loreau, 1999. Biodiversity and Ecosystem Productivity in a Fluctuating Environment: The Insurance Hypothesis. *Proceedings of the National Academy of Sciences of the United States of America*, 96(4).

Yao, R., L.C. Wang, X. Huang, *et al.*, 2017. Investigation of Urbanization Effects on Land Surface Phenology in Northeast China during 2001~2015. *Remote Sensing*, 9(1).

Yin, Y.H., D.Y. Ma, S.H. Wu, *et al.*, 2015. Projections of Aridity and Its Regional Variability over China in the Mid-21st Century. *International Journal of Climatology*, 35(14).

Yin, Y.H., S.H. Wu and D.S. Zhao, 2013. Past and Future Spatiotemporal Changes in Evapotranspiration and Effective Moisture on the Tibetan Plateau. *Journal of Geophysical Research Atmospheres*, 118(19).

Yin, Y.H., S.H. Wu, D. Zheng, *et al.*, 2008. Radiation Calibration of FAO56 Penman–Monteith Model to Estimate Reference Crop Evapotranspiration in China. *Agricultural Water Management*, 95(1).

Young, D.J., J.T. Stevens, J.M. Earles, *et al.*, 2017. Long-term Climate and Competition Explain Forest Mortality Patterns under Extreme Drought. *Ecology Letters*, 20(1).

Yu, H.Y., E. Luedeling and J.C. Xu, 2010. Winter and Spring Warming Result in

Delayed Spring Phenology on the Tibetan Plateau. *Proceedings of the National Academy of Sciences of the United States of America*, 107(51).

Yuan, Q.Z., S.H. Wu, E.F. Dai, *et al.*, 2017. NPP Vulnerability of the Potential Vegetation of China to Climate Change in the Past and Future. *Journal of Geographical Sciences*, 27(2).

Yuan, X.L., L.H. Li, X. Chen, *et al.*, 2015. Effects of Precipitation Intensity and Temperature on NDVI-based Grass Change over Northern China during the Period from 1982 to 2011. *Remote Sensing*, 7.

Yun, J.M., S.J. Jeong, C.H. Ho, *et al.*, 2018. Influence of Winter Precipitation on Spring Phenology in Boreal Forests. *Global Change Biology*, 24(11).

Zarch, M.A.A., B. Sivakumar and A. Sharma, 2015. Assessment of Global Aridity Change. *Journal of Hydrology*, 520.

Zargar, A., R. Sadiq, B. Naser, *et al.*, 2011. A Review of Drought Indices. *Dossiers Environnement*, 19(1).

Zhang, D., G.L. Wang and H.C. Zhou, 2011. Assessment on Agricultural Drought Risk Based on Variable Fuzzy Sets Model. *Chinese Geographical Science*, 21(2).

Zhang, J., Y.J. Shen, 2019. Spatio-temporal Variations in Extreme Drought in China during 1961~2015. *Journal of Geographical Sciences*, 29(1).

Zhang, Q., D.D. Kong, V.P. Singh, *et al.*, 2017. Response of Vegetation to Different Time-scales Drought Across China: Spatiotemporal Patterns, Causes and Implications. *Global and Planetary Change*, 152.

Zhang, Q., T.Y. Qi, V.P. Singh, *et al.*, 2015. Regional Frequency Analysis of Droughts in China: A Multivariate Perspective. *Water Resources Management*, 29(6).

Zhang, X., X. Yan, 2014. Temporal Change of Climate Zones in China in the Context of Climate Warming. *Theoretical and Applied Climatology*, 115(1~2).

Zhang, Y., C. Peng, W. Li, *et al.*, 2013. Monitoring and Estimating Drought-induced Impacts on Forest Structure, Growth, Function, and

Ecosystem Services using Remote-sensing Data: Recent Progress and Future challenges. *Environmental Reviews*, 21(2).

Zhang, Y., J.M. Wallace, D.S. Battisti, 1997. ENSO-like Interdecadal Variability: 1900–93. *Journal of Climate*, 10(5).

Zhao, H.Y., G. Gao, W. An, *et al*., 2015. Timescale Differences between SC-PDSI and SPEI for Drought Monitoring in China. *Physics and Chemistry of the Earth*, 102.

Zhao, M.S., S.W. Running, 2010. Drought-induced Reduction in Global Terrestrial Net Primary Production from 2000 Through 2009. *Science*, 329(5994).

Zhao, T.B., L. Chen and Z.G. Ma, 2014. Simulation of Historical and Projected Climate Change in Arid and Semiarid Areas by CMIP5 Models. *Science Bulletin*, 59(4).

Zhao, T.B., A.G. Dai, 2017. Uncertainties in Historical Changes and Future Projections of Drought. Part II: Model-simulated Historical and Future Drought Changes. *Climatic Change*, 144(3).

Zheng, D., 1999. A Study on the Eco-geographic Regional System of China. FAO FRA2000 Global Ecological Zoning Workshop, Cambridge.

Zscheischler, J., S. Westra and B.J. Van Den Hurk, *et al*., 2018. Future Climate Risk from Compound Events. *Nature Climate Change*, 8(6): 469～477.

柴海东：“微灌系统中过滤器的使用”，《现代化农业》，2016 年第 10 期。

程志刚、张渊萌、徐影：“基于 CMIP5 模式集合预估 21 世纪中国气候带变迁趋势”，《气候变化研究进展》，2015 年第 11 卷第 2 期。

程智、徐敏、罗连升等：“淮河流域旱涝急转气候特征研究”，《水文》，2012 年第 32 卷第 1 期。

党丽娟：“黄河流域水资源开发利用分析与评价”，《水资源开发与管理》，2020 年第 7 期。

邓浩亮、周宏、张恒嘉等：“气候变化下黄土高原耕作系统演变与适应性管理”，《中国农业气象》，2015 年第 36 卷第 4 期。

邓蕾：“黄土高原生态系统碳固持对植被恢复的响应机制”（博士论文），西北农林科技大学，2014 年。

《第三次气候变化国家评估报告》编写委员会：《第三次气候变化国家评估报告》，科学出版社，2015 年。

丁一汇、王会军："近百年中国气候变化科学问题的新认识"，《科学通报》，2016 年第 61 卷第 10 期。

董亚维、李晶晶、任婧宇等："关于黄土高原地区淤地坝水土保持监测的几点思考"，《中国水土保持》，2021 年第 4 期。

范永申、王全九、周庆峰等："中国喷灌技术发展面临的主要问题及对策"，《排灌机械工程学报》，2015 年第 33 卷第 5 期。

封国林、杨涵洧、张世轩等："2011 年春末夏初长江中下游地区旱涝急转成因初探"，《大气科学》，2012 年第 36 卷第 5 期。

高健："新型城镇化背景下气象灾害保险发展的对策"，《农村经济与科技》，2019 年第 30 卷第 24 期。

高江波、焦珂伟、吴绍洪等："气候变化影响与风险研究的理论范式和方法体系"，《生态学报》，2017 年第 37 卷第 7 期。

郭广军、贺芳丁："从台风影响谈对水库加固建设与管理的几点反思"，《中国水利》，2018 年第 20 期。

国家防汛抗旱总指挥部、中华人民共和国水利部："2010 年中国水旱灾害公报"，《中华人民共和国水利部公报》，2011 年第 4 期。

韩慧霞："环境因素对淤地坝建设的影响研究"（硕士论文），河南大学，2007 年。

何斌、王全九、吴迪等："基于主成分分析和层次分析法相结合的陕西省农业干旱风险评估"，《干旱地区农业研究》，2017 年第 35 卷第 1 期。

何慧、廖雪萍、陆虹等："华南地区 1961～2014 年夏季长周期旱涝急转特征"，《地理学报》，2016 年第 71 卷第 1 期。

贺振、王珍、厉玲玲等："黄河流域植被 NPP 时空变化特征分析"，《商丘师范学院学报》，2013 年第 29 卷第 6 期。

胡婷、孙颖、张学斌："全球 1.5 和 2℃温升时的气温和降水变化预估"，《科学通报》，2017 年第 62 卷第 26 期。

黄亮、高苹、谢小萍等："全球增暖背景下中国干湿气候带变化规律研究"，

《气象科学》，2013 年第 33 卷第 5 期。

黄荣辉、刘永、王林等："2009 年秋至 2010 年春我国西南地区严重干旱的成因分析"，《大气科学》，2012 年第 36 卷第 3 期。

姜江、姜大膀、林一骅："中国干湿区变化与预估"，《大气科学》，2017 年第 41 卷第 1 期。

姜姗姗、占车生、李淼等："基于 CMIP5 全球气候模式的中国典型区域干湿变化分析"，《北京师范大学学报(自然科学版)》，2016 年第 52 卷第 1 期。

蒋伟、陈晓楠、黄志刚："半干旱地区农户采用节水灌溉技术的影响因素及收入效应研究——以陕西榆林为例"，《中国农村水利水电》，2018 卷第 3 期。

金菊良、郦建强、周玉良等："旱灾风险评估的初步理论框架"，《灾害学》，2014 年第 29 卷第 3 期。

康静、黄兴法："膜下滴灌的研究及发展"，《节水灌溉》，2013 年第 9 期。

来红州："2016 年版《国家自然灾害救助应急预案》解读"，《中国减灾》，2016 年第 9 期。

黎凤赓、周志维："江西省水库大坝安全监测设施管理及对策"，《中国水利》，2018 卷第 20 期。

黎裕、王建康、邱丽娟等："中国作物分子育种现状与发展前景"，《作物学报》，2010 年第 36 卷第 9 期。

李保俊、袁艺、邹铭等："中国自然灾害应急管理研究进展与对策"，《自然灾害学报》，2004 年第 3 期。

李海宁："农业气象灾害类型及防御对策"，《城市建设理论研究(电子版)》，2015 年第 8 期。

李鹤、张平宇、程叶青："脆弱性的概念及其评价方法"，《地理科学进展》，2008 年第 2 期。

李红梅、周天军、宇如聪："近四十年我国东部盛夏日降水特性变化分析"，《大气科学》，2008 年第 2 期。

李红梅："4 种干旱指标在陕西的适用性比较分析"，《中国农村水利水电》，2014 年第 11 期。

李红霞、张芮、银敏华等："秸秆与地膜覆盖对农田土壤环境的影响"，《农业工程》，2020 年第 10 卷第 10 期。

李宏恩、何勇军："水库与山洪灾害防治协同预警模式"，《水利水运工程学报》，2017 年第 1 期。

李伟光、易雪、侯美亭等："基于标准化降水蒸散指数的中国干旱趋势研究"，《中国生态农业学报》，2012 年第 20 卷第 5 期。

李迅、袁东敏、尹志聪等："2011 年长江中下游旱涝急转成因初步分析"，《气候与环境研究》，2014 年第 19 卷第 1 期。

李英杰："陕西省旱涝灾害多时空尺度特征与趋势判断"（硕士论文），陕西师范大学，2017 年。

梁晓玲、韩登旭、郜浩江等："玉米耐旱遗传育种研究及分子育种策略"，《玉米科学》，2018 年第 26 卷第 3 期。

廖允成、温晓霞、韩思明等："黄土台原旱地小麦覆盖保水技术效果研究"，《中国农业科学》，2003 年第 36 卷第 5 期。

刘昌明、刘小莽、田巍等："黄河流域生态保护和高质量发展亟待解决缺水问题"，《人民黄河》，2020 年第 42 卷第 9 期。

刘国彬、上官周平、姚文艺等："黄土高原生态工程的生态成效"，《中国科学院院刊》，2017 年第 32 卷第 1 期。

刘珂、姜大膀："基于两种潜在蒸散发算法的 SPEI 对中国干湿变化的分析"，《大气科学》，2015 年第 39 卷第 1 期。

刘宪锋、朱秀芳、潘耀忠等："农业干旱监测研究进展与展望"，《地理学报》，2015 年第 70 卷第 11 期。

刘小勇、孔慕兰、柳长顺："关于建立旱灾保险制度的认识与思考"，《水利发展研究》，2013 年第 13 卷第 4 期。

刘雅丽、贾莲莲、张奕迪："新时代黄土高原地区淤地坝规划思路与布局"，《中国水土保持》，2020 年第 10 期。

刘雅丽、王白春："黄土高原地区淤地坝建设战略思考"，《中国水土保持》，2020 年第 9 期。

刘义权："旱涝急转型洪涝灾害的应对和分析"，《水利水电快报》，2008 年第 29 期。

刘毅、吴绍洪、徐中春等："自然灾害风险评估与分级方法论探研——以山西省地震灾害风险为例",《地理研究》, 2011 年第 30 卷第 2 期。

刘宇峰、原志华、郭玲霞等:"1961~2013 年山西省夏季旱涝急转时空演变特征",《生态与农村环境学报》, 2017 年第 33 卷第 4 期。

刘志红、蒂姆·麦克维卡、李凌涛等:"基于 ANUSPLIN 的时间序列气象要素空间插值",《西北农林科技大学学报（自然科学版）》, 2008 年第 36 卷第 10 期。

刘忠松、罗赫荣:《现代植物育种学》, 科学出版社, 2010 年。

陆红飞、齐学斌、乔冬梅等:"基于文献计量的黄河流域农田灌排研究现状",《灌溉排水学报》, 2020 年第 39 卷第 10 期。

马柱国、符淙斌:"20 世纪下半叶全球干旱化的事实及其与大尺度背景的联系",《中国科学：地球科学》, 2007 年第 37 卷第 2 期。

马柱国、符淙斌:"中国干旱和半干旱带的 10 年际演变特征",《地球物理学报》, 2005 年第 48 卷第 3 期。

马柱国、华丽娟、任小波:"中国近代北方极端干湿事件的演变规律",《地理学报》, 2003 年第 58 卷第 Z1 期。

明博、谢瑞芝、侯鹏等:"2005~2016 年中国玉米种植密度变化分析",《中国农业科学》, 2017 年第 50 卷第 11 期。

彭高辉、秦琳琳、马建琴等:"1955~2015 年郑州夏季旱涝急转特征分析",《南水北调与水利科技》, 2018 年第 16 卷第 6 期。

彭少明、王煜、尚文绣等:"应对干旱的黄河干流梯级水库群协同调度",《水科学进展》, 2020 年第 31 卷第 2 期。

秦大河:《中国极端天气气候事件和灾害风险管理与适应国家评估报告》, 科学出版社, 2015 年。

任志强、杨慧珍、卜华虎等:"诱变在作物遗传育种中的应用进展",《中国农学通报》, 2016 年第 32 卷第 33 期。

山楠:"京郊小麦—玉米轮作体系氮素利用与损失研究"（硕士论文）, 河北农业大学, 2014 年。

闪丽洁、张利平、陈心池等:"长江中下游流域旱涝急转时空演变特征分析",《长江流域资源与环境》, 2015 年第 24 卷第 12 期。

沈柏竹、张世轩、杨涵洧等："2011 年春夏季长江中下游地区旱涝急转特征分析"，《物理学报》，2012 年第 61 卷第 10 期。

石东峰、米国华："玉米秸秆覆盖条耕技术及其应用"，《土壤与作物》，2018 年第 7 卷第 3 期。

石晓丽、陈红娟、史文娇等："基于阈值识别的生态系统生产功能风险评价——以北方农牧交错带为例"，《生态环境学报》，2017 年第 26 卷第 1 期。

史培军：《综合风险防范：IHDP 综合风险防范核心科学计划与综合巨灾风险防范研究》，北京师范大学出版社，2012 年。

史培军、李宁、叶谦等："全球环境变化与综合灾害风险防范研究"，《地球科学进展》，2009 年第 24 卷第 4 期。

史培军、吕丽莉、汪明等："灾害系统灾害群灾害链灾害遭"，《自然灾害学报》，2014 年第 6 卷。

史培军："仙台框架：未来 15 年世界减灾指导性文件"，《中国减灾》，2015 年第 4 期。

史尚渝、王飞、金凯等："基于 SPEI 的 1981～2017 年中国北方地区干旱时空分布特征"，《干旱地区农业研究》，2019 年第 37 卷第 4 期。

史少培、谢崇宝、高虹等："喷灌技术发展历程及设备存在问题的探讨"，《节水灌溉》，2013 年第 11 期。

孙灏、陈云浩、孙洪泉："典型农业干旱遥感监测指数的比较及分类体系"，《农业工程学报》，2012 年第 28 卷第 14 期。

孙龙飞、张芸芸、张大海等："微灌技术全球专利申请及重点技术分析"，《节水灌溉》，2019 年第 7 期。

孙小婷、李清泉、王黎娟："我国西南地区夏季长周期旱涝急转及其大气环流异常"，《大气科学》，2017 年第 41 卷第 6 期。

孙小婷："我国西南地区夏季长周期旱涝急转研究"（硕士论文），南京信息工程大学，2018 年。

王春乙、张继权、霍治国等："农业气象灾害风险评估研究进展与展望"，《气象学报》，2015 年第 73 卷第 1 期。

王丹丹、潘东华、郭桂祯："1978～2016 年全国分区农业气象灾害灾情趋势分析",《灾害学》,2018年第33卷第2期。

王刚、严登华、杜秀敏等:"基于水资源系统的流域干旱风险评价——以漳卫河流域为例",《灾害学》,2014年第29卷第4期。

王劲松、李忆平、任余龙等:"多种干旱监测指标在黄河流域应用的比较",《自然资源学报》,2013年第28卷第8期。

王宁:"我国农业干旱灾害风险分担机制初探——保险与再保险",《山西财政税务专科学校学报》,2015年第17卷第5期。

王鹏新、龚健雅、李小文:"条件植被温度指数及其在干旱监测中的应用",《武汉大学学报(信息科学版)》,2001年第26卷第5期。

王胜、田红、丁小俊等:"淮河流域主汛期降水气候特征及'旱涝急转'现象",《中国农业气象》,2009年第30卷第1期。

王姝、张艳芳、位贺杰等:"生态恢复背景下陕甘宁地区 NPP 变化及其固碳释氧价值",《中国沙漠》,2015年第35卷第5期。

王学斌、畅建霞、孟雪姣等:"基于改进 NSGA-Ⅱ 的黄河下游水库多目标调度研究",《水利学报》,2017年第48卷第2期。

王亚华、毛恩慧、徐茂森:"论黄河治理战略的历史变迁",《环境保护》,2020年第48卷第Z1期。

王莺、王静、姚玉璧等:"基于主成分分析的中国南方干旱脆弱性评价",《生态环境学报》,2014年第12期。

王煜、彭少明:"黄河流域旱情监测与水资源调配技术框架",《人民黄河》,2016年第38卷第10期。

王煜、尚文绣、彭少明:"基于水库群预报调度的黄河流域干旱应对系统",《水科学进展》,2019年第30卷第2期。

王占彪、毛树春、李亚兵等:"气候变化对黄河流域棉花物候期的影响","中国农学会耕作制度分会 2016 年学术年会论文摘要集",2016年。

王中根、刘昌明、黄友波:"SWAT模型的原理、结构及应用研究",《地理科学进展》,2003年第22卷第1期。

卫云宗、乔蕊清、刘新月:"高产耐旱冬小麦育种技术及其评价方法研究",《华北农学报》,2001年第16卷第3期。

魏权龄:"数据包络分析(DEA)",《科学通报》,2000年第45卷第17

期。

吴绍洪、高江波、邓浩宇等："气候变化风险及其定量评估方法"，《地理科学进展》，2018 年第 37 卷第 1 期。

吴绍洪、潘韬、刘燕华等："中国综合气候变化风险区划"，《地理学报》，2017 年第 72 卷第 1 期。

吴志伟、李建平、何金海等："正常季风年华南夏季'旱涝并存、旱涝急转'之气候统计特征"，《自然科学进展》，2007 年第 12 期。

吴志伟："长江中下游夏季风降水'旱涝并存、旱涝急转'现象的研究"（硕士论文），南京信息工程大学，2006 年。

徐桂珍："基于自然灾害风险理论的陕西省典型作物干旱灾害风险评估与区划"，《中国农村水利水电》，2017 年第 7 期。

徐玉霞、许小明、杨宏伟等："基于 GIS 的陕西省干旱灾害风险评估及区划"，《中国沙漠》，2018 年第 38 卷第 1 期。

徐玉霞："基于 GIS 的陕西省洪涝灾害风险评估及区划"，《灾害学》，2017 年第 32 卷第 2 期。

许学工、颜磊、徐丽芬等："中国自然灾害生态风险评价"，《北京大学学报(自然科学版)》，2011 年第 47 卷第 5 期。

薛澜、杨越、陈玲等："黄河流域生态保护和高质量发展战略立法的策略"，《中国人口·资源与环境》，2020 年第 30 卷第 12 期。

杨建平、丁永建、陈仁升等："近 50 年来中国干湿气候界线的 10 年际波动"，《地理学报》，2002 年第 57 卷第 6 期。

杨金虎、孙兰东、林婧婧等："西北东南部夏季旱涝急转异常分析及预测研究"，《自然资源学报》，2015 年第 30 卷第 2 期。

杨庆、李明星、郑子彦等："7 种气象干旱指数的中国区域适应性"，《中国科学：地球科学》，2017 年第 47 卷第 3 期。

叶帮苹、刘晨雨、毛天韵等："暴雨洪涝灾害预报预警服务系统设计与实现"，中国气象学会："S12 水文气象、地质灾害气象预报与服务"，2012 年第 9 卷。

于静洁、吴凯："华北地区农业用水的发展历程与展望"，《资源科学》，2009 年第 31 卷第 9 期。

喻权刚、马安利："黄土高原小流域淤地坝监测"，《水土保持通报》，2015年第35卷第1期。

袁文平、周广胜："干旱指标的理论分析与研究展望"，《地球科学进展》，2004年第19卷第6期。

岳杨："基于LDFAL及SDFAL指数的鞍山地区旱涝急转时空特征分析"，《水利规划与设计》，2020年第1期。

张存杰、廖要明、段居琦等："我国干湿气候区划研究进展"，《气候变化研究进展》，2016年第12卷第4期。

张凤启、赵霞、丁勇等："玉米耐旱性研究进展"，《中国农学通报》，2015年第30期。

张景俊、李仙岳、彭遵原等："河套灌区葵花农田生物地膜覆盖下土壤水—热—氮—盐分布特征"，《生态环境学报》，2018年第27卷第6期。

张娟、谢惠民、张正斌等："小麦抗旱节水生理遗传育种研究进展"，《干旱地区农业研究》，2005年第23卷第3期。

张强、韩兰英、张立阳等："论气候变暖背景下干旱和干旱灾害风险特征与管理策略"，《地球科学进展》，2014年第29卷第1期。

张强、姚玉璧、李耀辉等："中国西北地区干旱气象灾害监测预警与减灾技术研究进展及其展望"，《地球科学进展》，2015年第30卷第2期。

张水锋、张金池、闵俊杰等："基于径流分析的淮河流域汛期旱涝急转研究"，《湖泊科学》，2012年第24卷第5期。

张璇、胡宝贵："中国农业节水灌溉技术推广研究进展"，《中国农学通报》，2016年第32卷第17期。

张玉琴、李栋梁："华南汛期旱涝急转及其大气环流特征"，《气候与环境研究》，2019年第24卷第4期。

张跃华、史清华、顾海英："农业保险需求问题的一个理论研究及实证分析"，《数量经济技术经济研究》，2007年第4期。

张振："杂交育种在新品种培育中的优缺点"，《北京农业》，2014年第36期。

张正斌：《作物抗旱节水的生理遗传育种基础》，科学出版社，2003年。

赵广才："中国小麦种植区划研究（一）"，《麦类作物学报》，2010a年第

30 卷第 5 期。

赵广才："中国小麦种植区划研究（二）"，《麦类作物学报》，2010b 年第 30 卷第 6 期。

赵建刚："旱地玉米秸秆覆盖节水保墒效果分析"，《山西农业科学》，2008 年第 2 期。

赵天保、陈亮、马柱国："CMIP5 多模式对全球典型干旱半干旱区气候变化的模拟与预估"，《科学通报》，2014 年第 59 卷第 12 期。

赵彦茜、肖登攀、柏会子等："中国作物物候对气候变化的响应与适应研究进展"，《地理科学进展》，2019 年第 38 卷第 2 期。

赵勇、解建仓、马斌："基于系统仿真理论的南水北调东线水量调度"，《水利学报》，2002 年第 33 卷第 11 期。

郑度、吴绍洪、尹云鹤等："全球变化背景下中国自然地域系统研究前沿"，《地理学报》，2016 年第 71 卷第 9 期。

郑度：《中国生态地理区域系统研究》，商务印书馆，2008 年。

郑景云、卞娟娟、葛全胜等："1981～2010 年中国气候区划"，《科学通报》，2013 年第 58 卷第 30 期。

郑景云、郝志新、方修琦等："中国过去 2000 年极端气候事件变化的若干特征"，《地理科学进展》，2014 年第 33 卷第 1 期。

郑然、李栋梁："1971～2011 年青藏高原干湿气候区界线的年代际变化"，《中国沙漠》，2016 年第 36 卷第 4 期。

郑亚云："榆林 NDVI 时空变化及驱动因子研究"（硕士论文），长安大学，2015 年。

中国气象数据网，http://data.cma.cn/，2019 年。

中华人民共和国国务院：《国家防汛抗旱应急预案》，2006 年。

中华人民共和国水利部："我国第一套流域抗旱预案《黄河流域抗旱预案（试行）》颁布实施"，2008 年。

钟开斌："'一案三制'：中国应急管理体系建设的基本框架"，《南京社会科学》，2009 年第 11 期。

周洪建："特别重大自然灾害救助中科学问题探讨（八）特别重大灾害救助模式思考"，《中国减灾》，2019 年第 7 期。

周凌云、周刘宗、徐梦雄："农田秸秆覆盖节水效应研究"，《中国生态农业学报》，1996 年第 7 卷第 3 期。

周瑶、王静爱："自然灾害脆弱性曲线研究进展"，《地球科学进展》，2012 年第 27 卷第 4 期。

朱耿睿、李育："基于柯本气候分类的 1961～2013 年我国气候区类型及变化"，《干旱区地理》，2015 年第 38 卷第 6 期。

朱文泉、潘耀忠、何浩等："中国典型植被最大光利用率模拟"，《科学通报》，2006 年第 51 卷第 6 期。